阅读成就思想……

Read to Achieve

青少年核心素养系列

像律师一样思考

写给青少年的
批判性思维训练

[美] 科林 · 西尔（Colin Seale）◎ 著
胡玉荣　陆　瑶　谭净月 ◎ 译
沈大力 ◎ 审译

Thinking Like a Lawyer

A Framework for Teaching Critical Thinking to All Students

中国人民大学出版社
· 北京 ·

图书在版编目（CIP）数据

像律师一样思考 : 写给青少年的批判性思维训练 / (美) 科林·西尔 (Colin Seale) 著 ; 胡玉荣, 陆瑶, 谭净月译. -- 北京 : 中国人民大学出版社, 2022.8
书名原文: Thinking Like a Lawyer:A Framework for Teaching Critical Thinking to All Students
ISBN 978-7-300-30786-2

Ⅰ. ①像… Ⅱ. ①科… ②胡… ③陆… ④谭… Ⅲ. ①思维训练－青少年读物 Ⅳ. ①B80-49

中国版本图书馆CIP数据核字(2022)第122813号

像律师一样思考：写给青少年的批判性思维训练
[美] 科林·西尔（Colin Seale） 著
胡玉荣 陆瑶 谭净月 译
沈大力 审译
Xiang Lüshi Yiyang Sikao : Xiegei Qingshaonian de pipanxing siwei xunlian

出版发行	中国人民大学出版社		
社 址	北京中关村大街 31 号	邮政编码	100080
电 话	010-62511242（总编室）		010-62511770（质管部）
	010-82501766（邮购部）		010-62514148（门市部）
	010-62515195（发行公司）		010-62515275（盗版举报）
网 址	http://www.crup.com.cn		
经 销	新华书店		
印 刷	天津中印联印务有限公司		
规 格	148mm×210mm 32 开本	版 次	2022 年 8 月第 1 版
印 张	7.375 插页 1	印 次	2022 年 8 月第 1 次印刷
字 数	110 000	定 价	59.00 元

推荐序

我们为什么要学习批判性思维

在《像律师一样思考：写给青少年的批判性思维训练》这本书中，作者科林·西尔先生结合自己的成长经历来讨论美国青少年教育中批判性思维的重要性，进而指引家长和教育工作者进行基础的批判性思维训练。

批判性思维的训练，在中国同样重要。近 20 年来，我一直在大学法学院任教，同时也持续关注青少年教育工作。在和青少年打交道的过程中，我发现是否拥有批判性思维，是导致成长差异的关键因素，也由此体会到，这背后更多的是家长的教育理念和模式，在深刻地影响着青少年的学习和生活。

我所理解的批判性思维，是指能够识别、分析、评估观点和事实，并通过令人信服的推理阐明有证据支撑的结论；能够察觉并克服个人在意识层面的个人中心主义和认知缺陷；在问题的解决、观点的评判、信念的辨别等方面做出合理、明智的决策的过程中所需要的一系列认知技能和思维素质的总称。

在批判性思维方式的指导下，人们能搜寻自己需要的信息和知识，并在运用知识的过程中掌握识别关键问题的能力、信息检索的能力、分析评价的能力、解决问题的能力，如此也就具备了高素质人才应有的研究能力、实践能力和创新能力。

然而，对批判性思维能力的培养难度很大。作者在书中提到，在美国的青少年教育工作中，老师并不愿意也没有能力向所有的学生教授批判性思维方式，他们的工作更多的是围绕着缩小成绩差距等一些看起来更重要的问题来开展的。而在我国现有的教育体系中，大量课程则是固守传递知识的传统路径，很少有学校专门为青少年学生开设批判性思维课程。我们既缺乏专门的批判性思维课程，也缺乏融入批判性思维的各学科课程，现有的批判性思维教学往往又是深奥的、偏学术化的和脱离现实生活的。在此背景下，绝大部分学生都习惯于循规蹈矩地学习和应试，欠缺主动思考和分析问题的意识及能力。

当这些学生考入大学，依然欠缺批判性思维能力，这就会导致他们难以学以致用，并缺乏应有的职业认知。比如法学教育就面临这样的问题，近些年来，法学专业的大学生就业率的持续走低就是表现之一。

法学教育之所以强调关注法律实践，是因为对于从事实务工作的法律人而言，常态化的高强度工作压力不可避免，这就对法律人的学习能力提出了更高的要求。进一步说，能否快速地学习并有效地解决复杂的问题，就取决于法律人的批判性思维能力水平，对于律师而言更是如此。

本书主要讲述了如何针对青少年进行批判性思维训练——通过真实的司法案例分析来帮助他们认识和理解“像律师一样思考”的训练和实践方式，进而达到培养批判性思维的目标。这对青少年、青少年教育工作者和家长，都具有重要指导和参考意义。

此外，本书的审译沈大力律师负责的上海星瀚（武汉）律师事务所，也是中南财经政法大学法学院“法学主题式新型实习项目”的成员单位，其特色鲜明的法律调研和注重知识管理的优势，与实习生培养项目恰到好处地对接，产出了一系列法律调研成果。在实习过程中，学生频繁地复盘和互动，有充分呈现认知和深入对话的机会。学生、律师和教师的批判性思维能力在此过程中共同提升，这使得投入其中的三方都特别有成长的获得感。

也正是因为沈大力律师的翻译团队长期保持对律师、法律专业人才和青少年教育培养的思考，才促使他们愿意投入时间来组织翻译这本书，而且他们的翻译团队成员分别来自中南财经政法大学、中南大学、武汉大学、中国政法大学，均具有良好的法学背景，对作者在书中所讲述的案例和法律分析的翻译精准到位，有助于读者深入细致地学习和思考。

希望这本书，可以帮助更多人提升批判性思维的能力，也期待读者在阅读这本书后，能够对批判性思维有更深入的了解，可以应用到青少年的教育之中。批判性思维不仅对于受教育者是一项全新的课题，对于教育者而言也是如此，希望有更多人可以一起终身学习。

郭倍倍

中南财经政法大学法学院副教授、教务部副部长

法学主题式新型实习项目负责人

译者序

“像律师一样思考”是我们法律学习者在大学法学院学习时经常会听到的一句法律谚语，这句话可以说是我们法律人在法学理论课程学习中的基础认识，也是很多法律人从事法律工作的自我定位和标签。法律人的思考和一般公众的自我思考确实会有一些差异，但是如何定义“像律师一样思考”，以及如何有效开展批判性思维训练却是很多法律学习者也不太清楚的。对于非法律专业的教育工作者或其他行业从业者、社会公众，可能接触就更少了。科林·西尔先生所著的《像律师一样思考：写给青少年的批判性思维训练》这本书恰好可以让关注思考和批判性思维训练的相关人士来学习和参考使用。

作者在本书前言里提到了他的学习成长与工作经历让他在后来

担任老师和从事律师工作时，更多地去关注和思考学生的批判性思维能力训练。作者希望能够充分释放所有学生的批判性思维潜力，但事实上，他观察到在美国，教育工作者的工作重点是提高学生成绩和防止学生不守规矩、违法犯罪，而这对于学生的批判性思维训练远远不够。尽管很多教育工作者也在进行学生思维训练，但主要是面向一小部分的顶尖学生，对绝大部分普通学生则欠缺相关的培养和指导。而且，很多老师也没有信心能够给所有的学生教授批判性思维方式。

在这样的背景下，作者希望通过这本书给予教育工作者指导，推动传统教育模式的改变。作者认为批判性思维并非只有天才和优秀的学生才能习得，教育工作者应该把这项技能教授给所有学生。作者把批判性思维总结为四个组成部分："需要的一套技能和性格特质；学会我们需要学习的内容；解决跨学科的问题；以正确做事的精神为基础，而不是简单地做正确的事。"作者也结合其工作、学习和律师职业经历，提出像律师一样思考的五种思维策略——多角度分析、错误分析、调查与发现、和解谈判以及竞争。如果能够进行前述思维训练，那将会有助于学生们塑造性格、提高判断力、锻炼思维模式和挖掘领导潜力。这不仅能提升学生在学术研究、问题解决等方面的能力，还能鼓励学生养成积极的公民意识和培养其领导技能。因此，作者认为有必要在教育领域推进一场深刻的批判性思维革命，而本书正是他为推进这场革命而做出的努力。

这本书特别适合关注青少年成长的教育工作者学习参考，这也是作者自己定位的主要读者对象，作者也提到其定义的“像律师一样思考”的批判性思维，主要是针对在校的青少年学生。作者特别希望能够创造更多机会，让学生参与批判性思维训练，获得锻炼毅力的机会。当然，从译者的角度，我们也特别推荐其他类型的教育工作者（不仅仅是青少年教育工作者）、关注和热爱法律的公众、想要锻炼自己学习力和判断力的人士都来阅读这本书。本书中所讲的批判性思维训练是值得我们大多数人去尝试和践行的。我们也希望未来大家能够养成批判性思维的习惯，以开放的态度去面对学习、工作、家庭与生活。

翻译这本书，其实也是偶然的机遇，中国人民大学出版社的郑悠然编辑看到我发表的有关心理咨询法律服务的文章找到我，正好阅想时代要推出一系列有关青少年成长和关怀的译著，她觉得我作为专业律师对心理咨询、法律实践教育和法律人的批判性思维都有一定关注，希望我来牵头翻译这本书。在查看英文原版书后，我觉得本书通过比较通俗易懂的语言，结合作者的实践经历和案例分析来讲解律师思维模式和批判性思维，确实很有意义。加上我也愿意借助翻译本书的机会再次学习和研究律师式思维的具体呈现和训练方式，所以，我很爽快地就答应了编辑老师的邀请，投入到本书的翻译工作之中。

为了保证翻译这本书的质量，我邀请了三位有英语专业教育和法律基础的青年译者一同来合作，他们分别是中南大学英语语言文学研究生毕业、在长沙市田家炳实验中学任教的胡玉荣老师；东华大学英语语言文学本科、武汉大学法理学研究生陆瑶；重庆大学英语语言文学本科、中国政法大学法律硕士研究生谭净月。在大家的共同努力下，本书译稿得以顺利完成，期间我们进行了多轮交叉核对，力求保证译文的准确性和可读性，让读者能轻松、愉悦地阅读和使用本书。当然，我们无法做到十全十美，如有个别地方翻译不够精准，还请大家海涵，并欢迎通过阅想时代向我们反馈。

沈大力

上海星瀚（武汉）律师事务所主任

前　言

我从来没有当过本月、本周，甚至是本日的最佳学生。我高一的时候旷课了 80 次，甚至有两次差点从大学退学，但我仍然以法学院班级第一名的成绩毕业了。与此同时，我还在美国内华达州拉斯维加斯的一所 I 类学校[①]担任全职数学教师。更令人惊讶的是，那些成为“苏格拉底式大师”及诸多问题解决者的学生们，在州考试中取得了良好或优秀的成绩，他们在我教课的八年级学生中的占比为 74%。这个比例与该市最富裕社区中表现最好的学校相当，甚至还高于它们。这本书讲的是作为教师和法学院学生的我是如何通过使用“像律师一样思考”的思维策略来取得最佳成绩的。更重要

① 指接受美国联邦政府教育经费资助的学校。——译者注

的是，本书提出了教育目标背后新的指导思想：充分释放所有学生的批判性思维潜力。

在过去的五年里，我一直困惑于这个问题：我们为什么不向所有的学生教授批判性思维技能？我寻找答案并不仅仅是出于好奇心，我还迫切想找到教育公平对话中缺失的一部分。当教育领域的领导们讨论如何防止学生因犯罪入狱、如何解决长期缺勤问题和终结学术表现中的种族差异现象等重要挑战时，话题几乎总是围绕着缩小成绩差距而展开的。但如果教育工作者将重点放在打破成绩的天花板上，那会怎么样呢？

经过 10 余年的改革，我们试图让每个孩子都能接受严格的教育，却没有提供公平的机会让孩子获得更深入的学习体验。批判性思维是更深入学习的核心，但在缩小成绩差距的艰难努力中，我们创造了一种不被接受的二分法。一方面，批判性思维是 21 世纪的一项基本技能。作为一名从数学老师转行的律师（并在拉斯维加斯最负盛名的律师事务所工作），我也是内华达州 STEM[①] 联盟的董事

① STEM 为 science（科学）、technology（技术）、engineering（工程）和 mathematics（数学）的首字母缩写。——译者注

会成员，还组织过关于未来工作以及让每个学生掌握批判性思维技能以适应我们快速变化的劳动力需求的商业对话。另一方面，我看到学校体系通过展示磁石学校[1]、职业和技术学院、天才课程以及为少数学生提供的机器人和航空课后课程，来标榜其在批判性思维教育上的努力。但由于绝大多数学生都被排除在这些更深入学习的机会之外，因此可以很明确地说，无论在过去和现在，批判性思维都是一种奢侈品。

这就是批判性思维教育的发展差距，而这并非偶然。在课堂上，教育工作者经常执着于低层次的问题，因为他们不相信可以教授批判性思维技能，不相信可以给所有学生教授批判性思维技能，或者不相信他们教授批判性思维技能的能力。眼见为实，所以这是一个“如何”的问题：我们如何教授批判性思维技能，以及我们如何培养所有学生的批判性思维？除非是少数精英学术项目中的一员，否则教育工作者在“如何”方面几乎得不到指导，并且会在缺乏批判性思维教学的培训和工具的情况下苦苦挣扎。对于英语语言

① 即特色学校，有吸引力的学校。它们通常设在美国贫困地区，以特色资源吸引学生上学。——译者注

学习者[①]、学习成绩落后于同龄人的学生或接受特殊教育服务的学生来说，这种差距则更大。通常情况下，甚至那些天资聪颖的学生也会产生这种差距，因为教育工作者错误地相信这些天资聪颖的学生能自己学会如何使用批判性思维。

但学生并不会自动学会应用批判性思维。2007—2016 年的一些相关数据表明，尽管成绩优异的低收入家庭的学生往往会准时从高中毕业，但与更具优势的同龄人相比，他们更有可能进入门槛较低的大学（比例为 21%：14%）；从大学毕业的可能性较小（比例为 49%：77%）；获得研究生学位的可能性也较小（比例为 29%：47%）。25% 具有低收入家庭背景的高分学生甚至没有参加 SAT 或 ACT[②] 考试。从 40% ~ 60% 的学生需要进行补习才能从 K-12[③] 系统毕业这样一个难以接受的事实可以看出，我们错过了大量的天才。尽管如此，有一个结论是明确的：批判性思维教育发展的差距并非不可逾越。

---

① 指非英语母语的英语学习者。——译者注

② SAT 是由美国大学理事会主办的一项标准化的、以笔试形式进行的高中毕业生学术能力水平考试。ACT 为“American College Test”的缩写，即“美国大学入学考试”。——译者注

③ 美国基础教育的统称，指从幼儿园到 12 年级的教育。——译者注

我们需要一场批判性思维革命，而且这场革命必须务实。在教育会议上，活跃的演讲者都在谈论“彻底改变”教育的必要性。但是，如果我们诚实地去看这个问题，即需要做些什么才能让教育体系过渡到确保所有学生都能公平地获得深入学习的机会，那么我们就必须承认，如果没有具体和明确的教学大纲要求，这项伟大的事业就不可能成功。这就是我撰写这本书的原因。

《像律师一样思考》是一本关于如何释放所有学习者批判性思维潜力的指导手册，是一本关于课堂设计的实用指南，你会希望自己的孩子也能参与到这样的课堂中。这不是什么只能利用大量的特殊技术和昂贵的创客空间或只能由表现优异的学生才能完成的天马行空的童话故事。这是一本实用的批判性思维指南，适用于所有主导教师，包括“单房学校”[①]、少年管教所教育中心的教师和自认为“应有尽有”的磁石学校的教师领导者。

没有恰当的宣传，任何革命都不可能发生。这就是本书第一部分之所以有力量的原因，实用的批判性思维革命就像星星之火一

① 指的是只有一间教室的学校。通常由仅有的一名教师来教所有不同年级的学生。——译者注

样。在这一部分中，我作为一名学习上的后来居上者，界定了批判性思维（以及批判性思维方式为什么这么难教），并重点强调了一些实例，以说明批判性思维发展的差距为什么是教育中无人问津却最为关键的关乎公平的问题。

第二部分通过利用学生固有的正义感和公平感，为激发他们批判性思维的潜力提供了实用指导，深入探讨了像律师一样思考的本质（简称律师式思维）。本部分使用了一些滑稽、荒谬和让人不禁怀疑其真实性的真实法律案例，强调了需要高参与性和严格对待的框架，以培养批判性思维技能和品质。每一个强大的律师式思维策略（如多视角分析、错误分析、调查和发现）都适用于所有年级和多学科领域。

最后，第三部分讨论了采用律师式思维框架的实际意义。如果不解决所有给教学改革带来真正困难的障碍，所有的策略就都是毫无意义的。第三部分通过帮助教育工作者搭建批判性思维框架来克服这一困难，以确保所有学生都能获得这些严谨、深入的学习体验。本部分还介绍了支持实际课程规划的具体工具，以确保在纸面上看起来很棒的批判性思维课程在实践中也不会崩塌。然后，我对学生“为参与而参与”的观念提出了质疑，并通过更加有意识地专注于更深层次的学习来完善参与的理由。

第三部分还将这些律师式思维策略与教师被迫全面关注的两个问题——课堂管理和学生在标准化考试中的表现联系起来。由于家长和家庭是学生生活中最重要的老师，因此本部分还介绍了在家庭中使用这些工具的强大策略。如果我们不让学生的家庭参与进来，学校发起批判性思维变革就不可能成功，也不可能持续。行至本书结尾，读者将获得一些实用的工具，以创造一个新世界，在那里，批判性思维将不再是奢侈品。欢迎加入批判性思维革命！

目 录

第一部分

缩小批判性思维的教育差距

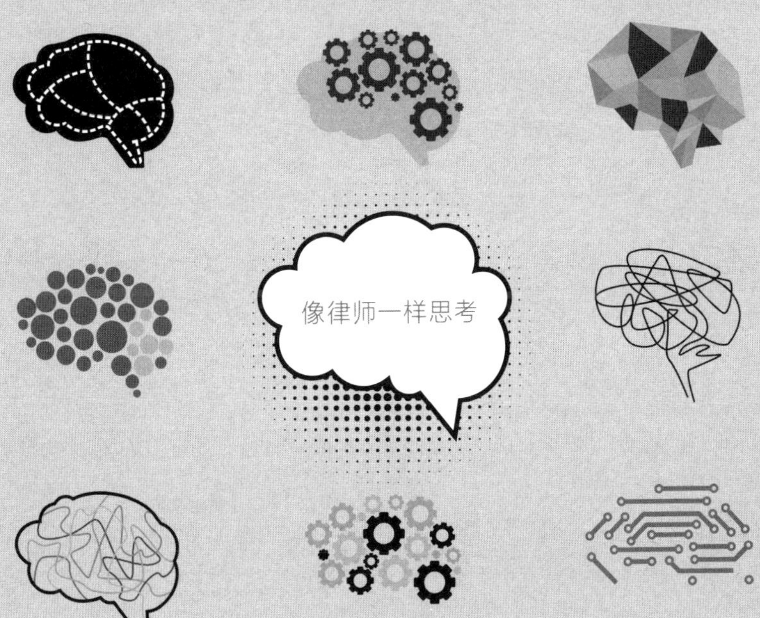

第1章

一位后来居上者的自述

在讲述自己童年故事的时候，我的内心是挣扎的。我在一个单亲移民家庭中长大，我的父亲曾因贩毒而被监禁十余年。每当谈起成长中面对的挑战时，尽管我的故事听起来就像那些被冠以“尽管困难重重，但是……”的陈词滥调，但这忽略了一个重要的事实：我成功的故事（和许多像我一样长大的孩子一样）是一个基于“因为困难重重”而不是“尽管困难重重”的故事。

我出生在11月，但我是个没有遵守入学年龄要求的孩子。母亲为了确保我可以不用多等一年再进幼儿园，带着我做了一切有必要的测试。半日制幼儿园的经历我记住的并不多，但我可算不上是个乖孩子。我记得非常清楚的是，因为当时太喜欢《卖帽子》（*Caps for Sale*）这本故事书了，以至于每当老师决定在讲故事时间读另一本书时，我都会很生气。比选错书更严重的一个问题是，老师选了一种错误的方式去读《卖帽子》。如果我的老师没有用欧洲口音大声读"帽子！卖帽子！ 50 美分一顶帽子"，我就觉得有必要跑到老师面前把书从她手中夺走（现在想想真是有些冒犯人了）。

当我的父母分开后，我搬去布鲁克林的皇冠高地和祖母一起住，内心的挣扎开始变得愈发真实。我经常遇到麻烦，而小学初期的麻烦类型有点特殊。例如，我曾与一位经常给我们班上科学实验课的老师有点矛盾，她叫利夫希茨[①]（但说真的，当我的老师叫这种名字时，我可能在科学课上没有麻烦吗）。有一次，利夫希茨女士让我为自己的行为写份 100 字的检讨书。于是我想了想，并在脑袋里做了道计算题，决定写 32 遍"烦科学"，这样我就能留下 4 个字的位置来写"我也烦你"。

我的这些行为并非凭空出现。在进幼儿园之前，我就能流利地念书了，并且早就了解了很多数学知识。我坐在教室里，几乎每天

① 这位女士的名字与著名物理学家叶夫根尼·利夫希茨（Evgeny Liftshitz）的姓相同。——译者注

都重复着相同的剧情：老师讲的都是我早就知道的内容，所以我和同学说话，并因此惹上麻烦；她布置的课堂作业，我能在两分钟内完成，于是我又和同学说话，从而又惹上麻烦；然后，她会给我布置更多的作业，并不是更难或更有挑战性的作业，只是更多，如此循环往复。

大约在那个时候，一位富有爱心的教师助理告诉我母亲，我需要接受一下测试。我母亲可能认为是我出了问题，但事实证明，助理之所以希望我接受测试，是因为她想看看我是否能获得资优教育[①]的资格。我的学校，甚至我的社区都没有资优教育。这是我基础教育经历中最具影响力的事件。

通过资优课程测试后，我在“天才计划”项目独立开设的资优班踏上了我的求学之路，然后一切都改变了。到新学校的第一天，我看见黑板上写着一个类似“绿色”的词语。我环顾四周，发现每个人都在用黑白作文本写东西。我很困惑，就问旁边的学生：“嘿，作业表在哪儿？我们应该做什么？”他看着我，仿佛我一无所知。

① 资优教育，指美国纽约市公立学校的资优班教育，也有称“天才班”教育，孩子可以在四岁时参加评估测试以获得入学资格。——译者注

“这是创意写作时间，”他说道，“你就写吧，写关于绿色的内容。”

这正是我需要的转变。现在，我被要求离开我的座位，与我的同龄人交谈，并被要求质疑我的老师。现在，几乎每项作业都比阅读《卖帽子》更令人兴奋，因为我们在写自己的童话故事，并为其绘制插图。在 STEM 和 STEAM[①] 成为争论之前，我们在小学二年级就有一门数学实验选修课了。但是，即便有引人入胜的课程和严格的学习环境，也无法限制我那些别具一格的恶作剧，所以我还是经常因为调皮捣蛋而被赶出资优班的教室。

正是被赶出教室的经历，让我第一次看到了教育的不公平。原来，在资优班里只有 24 名学生，而学校的其他班级却有超过 30 名学生。日后更让我震惊的是，我授课的每个班里都有几个学生让我想起曾经的自己。他们虽然遇到了许多麻烦，但对他们来说，学习任务似乎也太容易了。当时最让我感到意外的是，二年级的班级只有二年级的学生，三年级的班级只有三年级的学生，但资优班却是二年级和三年级学生的混合班。在我们这些资优学生所在的 I 类

---

① STEAM，为 science（科学）、technology（技术）、engineering（工程）、art（艺术）、mathmatics（数学）的首字母缩写。——译者注

学校里，老师们只能在每个年级找到 12 名学生去体验这种变革性教育。

对这种不平等现象的反思让我领会到教育使命中的一项指导原则：虽然每个人都有可能拥有才华，但每个人拥有的机会往往不同。而另一件关键的事情则是我几十年来都无法理解的：在这个由 24 名非白人资优学生组成的班级里，这些“明星”学生中有 3 个人高中没能毕业，而我差一点就是第 4 个。

我差点成为第 4 个不能高中毕业的人，尽管我已经是八年级里最优秀的学生之一了。在整个初中阶段，除了体育课和午餐时间，我和我的同学一直被隔离在资优班里。六年级的教师团队看到了我们的潜力，并做出了一个前所未有的决定：让我们在七年级开始学习等同于《代数 I》的课程。当我准备参加八年级的升学典礼时，我的数学和英语成绩都得到了双倍提高，并获得了法语课程的高中学分，而且还进入了美国国家高中荣誉生会[①]。然而，突然间，我就不再关心这些了。

① 美国国家高中荣誉生会是美国一个全国性的高中社团，意在表彰在学业成绩、领导才能、社区服务及道德品质方面均有突出表现的高中生。——译者注

我患上了“我不在乎”综合征。我是我们初中唯一进入著名的布朗克斯科学高中（Bronx High School of Science）的人，但我并不喜欢单程花 90 分钟从布鲁克林到布朗克斯。而且，我非常不喜欢从几乎全是黑人的小学和初中，过渡到非白人和非亚裔学生数量远低于总人数的 15% 的学校。

我有好几个月都没有交作业，出于某些原因，没有人在乎这种行为。我是一个非裔美国男性懒汉，在这所高中，有 8 位诺贝尔奖得主、6 位普利策奖得主，尼尔·德格拉斯·泰森（Neil deGrasse Tyson）①也是这里的毕业生。因为我决定在每一个午餐时间去吃饭，所以在这一年结束时，我缺席了 80 多节课，而且大部分课程不是不及格就是勉强通过，但是并没有人对此进行干预。

事实上，这所学校的课程难度很高，但却不像我的小学和初中那样吸引人，后者曾考验并激发了我对一切事物的好奇心；相反，我感觉这所学校只是为了难而难。在高中一年级学习国际课程学习时，我们必须观看《甘地传》（*Gandhi*），并回答作业表上的大量问

① 以从事科学传播闻名的美国天文学家，现任罗斯地球和太空中心海顿天文馆馆长。——译者注

题。我母亲从图书馆带了两套录像回来，我看着这些录像，试图弄清楚为什么会有老师希望我从宝贵的周末中抽出时间，来观看这部耗时 3 小时 11 分钟、讲述一个我从小学就知道的家伙的电影。这正是我最不屑做的作业类型，也是这所有“高难度课程”的学校一直布置的作业类型。

一位不想让我浪费潜力的大人把我从成绩不佳的困境中解救了出来。辅导员西蒙女士把我拉进了她的办公室里。我一直以为她只是一位刻薄的女士，因为她看起来就像是来自平行世界的人或电视剧《法律与秩序》（*Law & Order*）中那些态度生硬的警探。但西蒙女士向我表达了她对我的关心，她拿出了我在初中时的成绩单并告诉我，她相信我的潜力比我表现出来的要大。她没有因为我逃课而责骂我，也没有对我进行严厉的批评，而是让我选择在每堂课上带着考勤表，以此作为一种自我管理的方式，帮助我解决逃课问题。西蒙女士把确保我不会浪费自己的潜力视为己任。

为了能按时毕业，我不得不在高三学年结束后去上暑期学校。我们学校当时在装修，所以我最后去了对面的德维特·克林顿高中（Dewitt Clinton High School）。在那里，我又一次觉醒了。由于午餐时间落下了许多课程，我不得不在那个夏天去补上艺术课。我和克林顿高中的学生一起上课，他们在上学期间也没有通过艺术课。但奇怪的事情发生了。当老师发现我在布朗克斯科学高中上学时，她大声说："你一定非常非常聪明。"她对我差点不能按时毕业的事一无所知，所以尽管我的艺术水平很差，但我觉得我必须保持好形象。我们必须用一块肥皂做一个雕塑，我记得我花了一整个周末（所用时间是我看《甘地传》的三倍）来设计这个复杂得让老师震撼的日出雕塑。她提醒了我信念的力量：因为她确信我有出类拔萃的能力，所以我也相信了这一点。

在这之后，我就一直在装模作样，直到我似乎不再需要表演也能够做到。我意识到了该如何去玩这场游戏，并开始投入其中。我的成绩直线上升，并获得了资格参加高级课程的资格，而且说实话，我开始喜欢作为布朗克斯科学高中的学生的感觉。我决定做一件对任何在 2000 年互联网泡沫鼎盛时期毕业的人来说都很合理的事情：主修计算机科学。

我一生中没有写过一行代码，但这并不重要。我不知道自己是否喜欢计算机科学，这一点也不重要。作为我们家在这个国家的第一代移民，如果我能够毕业并在微软公司找到一份好工作，我就给了我母亲各种吹嘘的资本。我的动机可能是尼尔·德格拉斯·泰森在我们的毕业典礼上做的一个有趣的数学类比，他通过解释比尔·盖茨是多么富有来帮助我们理解他对身处"书呆子时代"的兴奋。泰森解释说，考虑到他的角色和当时的薪水，如果他走在街上，看到1便士，他就会忽略它。他可能也会忽略5美分，10美分要考虑一下，但不可能不把25美分装进口袋。以此类推，比尔·盖茨停下来捡起1万美元是没有意义的。换句话说，现在是我赚钱的时候了！

但是，我作为科技巨头过上亿万富翁生活的梦想，在我上计算机实验课的第一天就被暂停了。我似乎是少数几个在决定主修计算机科学之前完全没有编码经验的学生之一。所以，在我还没弄清楚如何打开我的电脑时，至少有10位同学已经完成了实验，他们在离开时笑着说这项任务是多么简单。我低头看了看我的作业，又看了看空白的电脑屏幕。当我挠了几下头，试图弄清那些似乎是象形文字的东西时，几乎所有的学生都走出了实验室。我开始感到非常气馁，我不是很聪明吗？艺术课老师这样说，我的家人也这样说，在我小时候，很多老师也这样告诉我。如果我这么聪明，为什么我不会做这个？也许我其实一点都不聪明？当我在脑子里结束这段自言自语时，研究生助理走过来问我是否完成了。这时我才意识到，实验室里除了我们两个人，已经没有其他人了。我看了看没弄懂的实验作业，又看了看空白的电脑屏幕，然后说："够了，我不想读这个专业了。"就在那一刻，我差点从大学退学。

我在回宿舍的路上痛哭。当回到房间，我马上给我母亲打电话哭诉，因为我对我做的事情一无所知，我需要有人带我回家。现在回想，我不记得当时希望母亲有什么回应了。六年级之前，在每一次州级数学评估中，我的分数都在第 99 百分位[①]以上，直到六年级时，有一次我的分数在第 95 百分位，我母亲问我："另外那 4 个百分位是怎么回事？"我母亲确实不会用正确的方式跟我讨论没考好这件事，但她是我唯一能交流的对象。不过这一次，她唤醒了她内心的卡罗尔·德韦克（Carol Dweck）[②]，并提醒我，我的成功与聪明程度关系不大，而与坚持不懈的努力关系更大。她告诉我："你总

---

① 百分位并非是具体的卷面分数，而是统计学中的概念。具体而言，是指对参加考试的学生分数排序，第 99 百分位是最高的百分位分数，即卷面分数高于 99% 的学生。——译者注

② 人格心理学、社会心理学和发展心理学领域的杰出研究者，率先提出"成长型心态"理论。——译者注

是能想出办法，你只需要想出这个办法。我必须回去工作了。”于是，她回去工作了。我也开始尝试解决问题。我每周至少有一次坐在教授的办公室里，解决我不明白的问题。我认为最后的课程项目很无聊，所以我设计了一个程序，把我对音乐的热爱融入其中。这个程序能够根据歌曲中的音符，输出音乐家可以演奏的和弦的音符。我在这门课上获得了 A，尽管它差一点成为我退学的原因。

我最终成为雪城大学学生会主席以及该校有史以来毕业典礼上第一位非裔学生主讲人，被马克斯维尔公民与公共事务学院（美国最顶尖的公共管理学院）提前录取，并获得了全额奖学金和完成这项为期一年课程所需的费用津贴。后来，我又成为一名旨在缩小教育差距的数学教育家、儿童福利改革者，以及美国最负盛名的企业律师事务所的获奖律师，并创办了一个在全美国范围内蓬勃发展的革命性教育组织。如果你了解了我的这些经历，那么你很容易将我归类为某种类型的胜利——尽管困难重重，但还是成功了。

但我的故事就像许多其他克服障碍的学生的故事一样，实际上是源于“因为困难重重”。因为作为一位抚养两个孩子的单身母亲，我的母亲不得不绞尽脑汁用 15 美分的优惠券来赚回 1 美元的优惠，她尽其所能地充分利用受限的条件、资源、人脉和体制，让我看到了无限的可能性。“因为困难重重，而不是尽管困难重重”是教育者观察潜力和表现之间的差距的一个高倍放大镜。英语语言学习者在学业上有巨大的竞争优势，“因为困难重重，而不是尽管困难重重”，他们花了那么多时间在多语言和多文化中思考和解决难题。有困难的学习者拥有取得巨大学术成功的基石，因为他们有困难，而不是“尽管”有困难，他们遭遇的学习挑战迫使他们成为懂得如何学习的专家。创造一个批判性思维不再是奢侈品的世界，需要教育者承认所有学生都具有天生的批判性思维潜力。

我后来居上的经历帮我建构了一种视角，我呼吁教育工作者从这个视角去看待我的经历，以弥合批判性思维发展的鸿沟。如果教育者首先就不相信所有的学生都有超凡的能力，那么世界上所有的批判性思维技巧和策略就都是毫无意义的。即使存在这种信念，教育工作者也需要更进一步，将其作为自己的职责，以确保我们不再有这么多浪费潜力的悲剧。我们只需看到学生是有天赋的。

第 2 章

什么是批判性思维

什么是批判性思维？当我在全美各地为教育工作者培训律师式思维时，我总是提出这个问题。在回答这个问题时，教师们总是会以“有能力”或“能够”为开场白，展示各种各样的技能。能够突破思维的局限性、综合信息、用证据支持主张，以及多角度分析问题等是最常见的回答。

我也曾向美国各地成千上万的学生问过这个问题。孩子就是孩子，他们经常给出精彩的回答：“批判性思维就是批判性地思考。”偶尔也有学生说：“批判性思维就是你在想办法批评别人。”但有一个学生的回答比其他任何一个都要突出：“批判性思维是老师在学校里从来不让我们做的事情。”

教育工作者通常认为，批判性思维是一项只有最优秀的学生才能驾驭的技能。这个学生的评论让我想起了罗梅尔，这是我在教育工作者生涯中遇到过的最敏锐的年轻人。他解决问题的方式令人印象深刻，也是一个超级有创造力的人。但事情是这样的：罗梅尔不是我班上的学生，他的问题也不在数学或科学领域。罗梅尔是我在法学院少年司法诊所的客户，他所面临的难题是，他在自己 18 岁生日前一个月，在一次严格的毒品搜查中被逮捕，之后他试图弄清楚如何推翻对他的成年指控。毋庸置疑，罗梅尔具备批判性思维，这是他每天赖以生存的技巧。但批判性思维需要的不仅仅是技巧，还需要在生活、学术和工作中不断运用批判性思维技巧的观念和习惯。这些具有批判性思维的个体所具有的性格特质（见图 2–1）往往是我们对批判性思维进行定义时所缺少的部分。所有的教育工作者都非常熟悉这一点，因为我们都教过一种特殊的学生，他们无疑非常聪明，但却经常会想方设法做出能想象到的最蠢的事。批判性思维技能和个体性格特质之间的鸿沟，常常解释了知道更多和做得更好之间的差距。

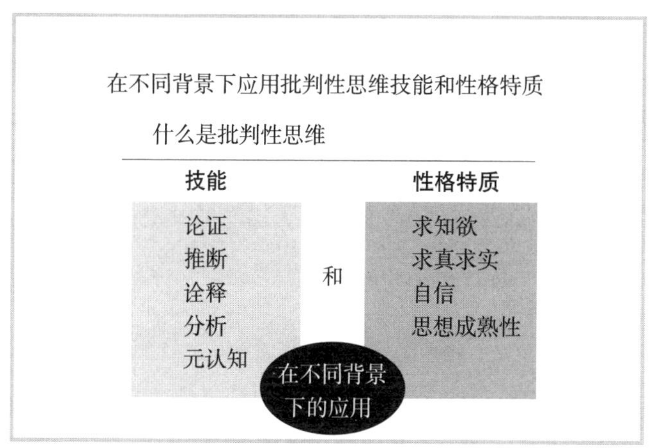

图 2–1　批判性思维技能和性格特质

有效的定义更为复杂，因为即便学生拥有技能和性格特质，批判性思维的应用往往也极其依赖环境。在数学方面表现出色的学生，却很少或根本不愿意在写作上做出丝毫努力，这种情况发生的频率有多高？为什么有些学生如此热爱美术，以至于他们可以用好几个小时观察和分析一幅画，但当他们需要用类似的观察技巧在科学课上弄清楚是什么导致不同物质产生化学反应时，他们就会立即停止观察和分析？未来学家阿尔文·托夫勒（Alvin Toffler）指出，“21 世纪的文盲将不是那些不能阅读或书写的人，而将是那些不会学习、无法忘记错误的知识并重新学习的人”。教育者必须以一种跨学科的方式教授学生，使其拥有批判性思维技能和性格特质。

“学会如何学习”并不意味着我们的学生只需要掌握表面的知识，也不意味着不需要任何死记硬背。如果说一名四年级学生在没有完全掌握乘法内容的情况下，就能培养出理解指数所需的数感，那是很荒唐的。如果不了解小说的历史背景，也不参考过去“塞勒姆女巫事件”[①]中对妇女的类似起诉，就去深入分析小说《红字》（*The Scarlet Letter*）中的重要主题，同样是一种挑战。因此，教育者的目标应当是为学生提供他们所需的指引和探索工具，让他们学会如何学习并跨学科地应用这种学习方法。

在关于“对某一学科进行批判性思考需要多少背景知识”的辩论中，跨背景应用批判性思维是一个关键的考量因素。这时，求知欲和思想成熟性的特质变得尤为重要。最聪明的学者是那些有意识去了解他们不知道的东西，并以寻求真理的冲动去彻底调查问题，能够运用相关深度知识的人。

最后，不得不提的是，学生必须有值得批判性思考的目标。为了强调这一点，我想回顾一下 2019 年 8 月 3 日那个星期六。在那

---

① 塞勒姆女巫审判事件，是指 1692 年发生在美国马萨诸塞州塞勒姆镇，造成 20 人死亡、200 多人被逮捕或监禁的著名冤案。——译者注

天，和许多人一样，我花了几个小时关注发生在埃尔帕索令人发指的美国国内恐怖主义行动[①]。我闭上眼睛，想象着我和我的两个孩子在沃尔玛购物的情景。我想起有多少次我不得不对我女儿说“不”，因为她试图利用最强大的谈判技巧，让我买一些比她返校清单上的物品更没用的东西。我想，对我们来说，最基本的购物变成了一场漫长的冒险——探索随机的过道，撞上我们认识的人，并给父亲们提供了更多说“不”的机会。随后，我想到这么多目击者、受害者以及他们的家人因为恐怖分子的行动而遭受痛苦的恐怖画面。

悲痛之余，我亲吻了我的孩子们，并向埃尔帕索社区基金会捐款，用以帮助受害者及其家人。我在想我还能做些什么。我处于一个独特的地位，每年向数以万计的教育工作者发表讲话。因此，我决定利用这一特殊权力，承认我工作中的不足之处，希望教育工作者也能接受这一事实：仅有批判性思维本身是不够的。

关于批判性思维的局限性的说法并不新鲜。1947年，马丁·路德·金在莫尔豪斯学院就读时，就曾指出只注重智力追求的教育的

---

① 指的是当日一名持AK自动步枪的男子进入埃尔帕索一家沃尔玛超市，针对在场的拉丁裔逐个射击，短短数分钟时间里打死打伤40余人后驾车逃离的恐怖袭击事件。——译者注

问题：“最危险的罪犯可能是有理智但没有道德的人。”他还有一句更广为人知的名言——“智力加上性格，才是教育的真正目标”。阅读这些话很容易得出结论，即批判性思维中缺少的是对品格教育更强烈的关注，但马丁·路德·金的观点要深刻得多。

马丁·路德·金对此的进一步解释是，“完整的教育不仅给予人专注的力量，而且给予人值得专注的目标”。若我们只是为学生提供了分析世界的工具，这样的教育是不完整的。只有当我们为学生提供了用于质疑世界的工具时，教育才是完整的。只有当我们拒绝客观的谬论，它才是完整的。这种谬论认为教育者不适宜政治化。而教育在本质上是政治性的。重要时刻的沉默足以说明问题，学生们能清楚地听到这种沉默的声音。

我并不主张教师向学生灌输思想。然而可以肯定的是，我承认律师式的批判性思维框架的局限性。在这个框架中，我们要求学生提出合理的主张并有相关证据的支持，从多个角度分析问题，权衡后果，并在此分析基础之上得出结论。但是事实上，并非每个问题都需要区分到这种细微程度。

我们知道“1+1=2”，因为它就是 2。而“1+1 ≠ 3”，因为它就是不等于 3。白人至上主义是错误的，因为它就是错的。因人们是谁、他们出生在哪里，或者因他们的肤色而憎恨他们是错误的，因为这种憎恨就是错的。在仇恨和无知面前保持沉默是错误的，因为这种沉默就是错的。在埃尔帕索枪击案发生前不到两年，当弗吉尼亚州夏洛茨维尔的"团结右翼"集会[①]导致悲剧发生时，我就向教育工作者发出了采取行动的呼吁，要求他们立即做出回应。我呼吁的回应不仅仅是"反思和祈祷"。

马丁·路德·金相信"道德宇宙的弧线很长，但它会向正义弯曲"，这不仅仅是一种祈祷。没有直接的行动，这条弧线是不会弯曲的。因此，需要采取直接行动，确保仇恨、无知和暴力永远不会成为"值得关注的目标"。

因此，当我在本书中提到批判性思维时，将缩小其在学生中的发展差距作为我职责的一部分，从此刻起已经不够了。当然，我想确保强大的 21 世纪批判性技能不仅仅是为最精英的学校、最精英

① 2017 年 8 月，数百名白人至上主义者聚集在夏洛茨维尔市进行名为"团结右翼"的集会，抗议市政府计划移除南北战争时期南方军事将领罗伯特·李的雕像。集会期间发生暴乱，导致多人受伤。随后，一名男子驾驶一辆汽车高速撞向反对者人群，造成一人死亡、多人受伤。——译者注

的学生所保留。但我也要重申：如果不能明确地将注意力集中在利用批判性思维来消除仇恨和无知上，那么批判性思维是不够的（详见图 2–2）。

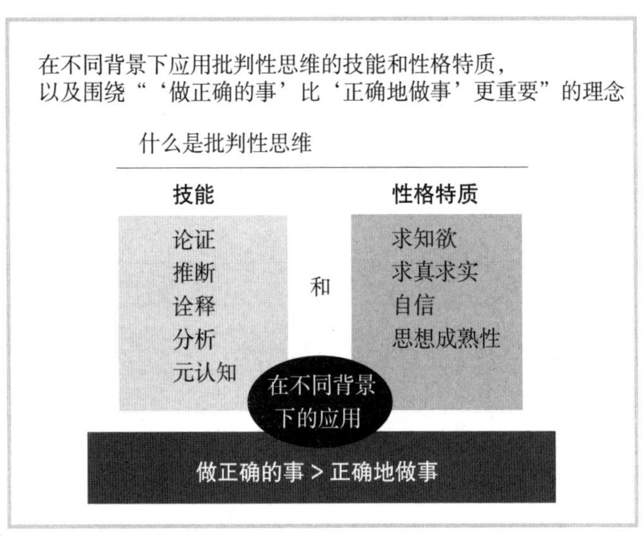

图 2–2 "做正确的事"比"正确地做事"更重要

我们的学生仅仅"是正确的"远远不够，他们还必须做正确的事情，这是 21 世纪批判性思维的一个重要组成部分。例如，尼尔·德格拉斯·泰森可以说是我们这个时代最重要的科研学者，我对他有点偏心，因为他不仅是布朗克斯科学高中的资深校友，而且还是我毕业典礼上的演讲者。《宇宙》（*Cosmos*）系列纪录片和《给忙碌者的天体物理学》(*Astrophysics for People in a Hurry*)等书籍的成功，不仅体现出他是个有天赋的人，而且是一个能将复杂的话题巧妙地传达给大众的人。

然而，我感到震惊的是，在埃尔帕索枪击案发生后的第二天，俄亥俄州代顿市发生了另一起大规模枪击案，几个小时后，尼尔·德格拉斯·泰森写了以下推文：

> 在过去的48小时里，在美国惨无人道的大规模枪击事件中，34人失去了生命。平均下来，每48小时，人们会因以下情况失去生命：
>
> 医疗事故：500人；
>
> 流感：300人；
>
> 自杀：250人；
>
> 车祸：200人；
>
> 持枪杀人：40人。
>
> 通常，人们对意外事件本身的情绪反应比对数据的反应强烈得多。

泰森提取这些数据并进行研究，这看起来是“正确的”。但是，在全国哀悼的时刻，技术上的正确性又有什么意义呢？每 48 小时有 500 人随机死于医疗事故的事实是正确的，但这些随机的事故是否应该与美国国内的恐怖主义做比较？当一群人在返校购物中，仅仅因为他们的身份而被无辜枪杀，这从根本上粉碎了人们对安全的信念。做正确的事远比正确性本身更重要，这其中的区别至关重要。

几个月前，当我晚饭后洗碗时，发生了一件关于这种区别的不太严肃的事例。我聪明的女儿正在写她的一个清单（她做什么都有清单），这时我打断了她的计划，让她给我递个杯子。谈话的过程是这样的：

我："能麻烦你递个杯子给我吗？"

女儿："杯子？我没有看到杯子。"

我："你前面就有个杯子，递给我，这样我就可以把它放进洗碗机里了。"

女儿："爸爸，这里没有杯子，但我看见了一个玻璃杯。"

诚然，我在用词上错了。在这个世界上，我最不希望的就是我聪明的女儿变成那些惹人厌恶的人之一，他们完全知道你在说什么，却用一些小花招装傻充愣。我明确表示，没有人愿意和那些让他们感到自己很蠢的人做朋友。根本就不应该故意刁难那些把盛水容器称为“杯子”而不是“玻璃杯”的人。做正确的事（即递杯子、玻璃杯、高脚杯、平底玻璃杯等）比正确性本身更重要。

批判性思维的这一关键部分常常被忽视。公众的反智情绪高涨是有原因的。如果拥有这些知识和能力的人是个混蛋，那么世界上所有的知识和解决问题的能力都毫无意义。因此，我对批判性思维的扩展定义包括能区分正确与否、以不让人不悦的方式表示反对，以及通常不做混蛋之人。

总而言之，我们对批判性思维的有效定义有四个组成部分。批判性思维是：

- 我们需要的一套技能和性格特质；
- 学会我们需要学习的内容；
- 解决跨学科的问题；
- 以正确做事的精神为基础，而不是简单地做正确的事。

第 3 章

批判性思维教育的发展差距

我在全美各地培训教育工作者，让他们掌握强大又实用的批判性思维策略，在最初几年里，我发现自己反复听到相似的反对意见。无论我的培训是在大型还是小型学校系统，在城市、农村还是郊区，在富裕社区还是极度贫困社区，都是如此。我一直听到的反对意见与学生及其批判性思维能力有关，是一个“不能、不会也不愿意”的问题。“学生不能批判性地思考，不会批判性地思考。而就算我作为一个繁忙的教育工作者，用尽我宝贵的时间，去设计可以释放他们批判性思维潜力的课程，他们也不愿去批判性地思考”。

这种心态显示出一种关于谁能获得批判性思维教学的默契。对于在最“精英”的学校里为最“精英”的学生授课的教育工作者而言，培养批判性思维似乎是一种常态。这就是批判性思维在学生中的发展差距。这种差距解释了为什么我们倾向于将批判性思维的培养机会局限在那些学风严谨的学院学生，或那些参加大学预修课程、国际学士学位课程、天才课程或荣誉课程的学生身上。但是，我们社会的发展已经远远超过了将批判性思维教学视为一种荣誉的程度。

站在即将进入大学的高三学生的立场上看，五年后，他们将进入一个全行业都在蓬勃发展的劳动力市场，尽管目前还不存在。同时，这些现在正蓬勃发展的行业五年后可能会彻底消失。简言之，教育工作者不能继续把批判性思维当作一种奢侈品——在21世纪，它已经成为一项必要的技能。

需要说明的是，这不仅关乎工作的未来。教育的价值远远超出了培养劳动力的范畴。如果我们认为教育是一条确保全体公民积极参与的路径，那么我们如何在没有批判性思维的情况下实现这一目标？大量源自网络的不可靠信息，使确定真相的过程充满挑战。此外，社交媒体的算法倾向于在我们身边建立信息茧房，使我们不太愿意去理解其他不同的观点。我们已经适应了将讨论政治或宗教视为不礼貌的世界。而结果却是，我们似乎再也无法在讨论政治或宗教时保持尊重。

这种批判性思维教育的发展差距是K12教育系统中一个重要而紧迫的问题。尽管非教育界人士普遍认为教师只是进行“应试教育”，但是在全州范围内，对于几乎所有重大的数学和英语语言文学考试，学生都不可能在不具备批判性思维的情况下取得成功。为填空题选择简单答案的日子已经一去不复返了，那些题目仅仅是测试执行具体任务的技巧和能力，比如解决一个方程式。而今天的问题更加复杂——需要多个步骤、推理、预测，以及仔细判断哪个潜在的答案是最好的，而且问题的形式也很独特。

尽管标准化测试已经成为学校的重要责任，但是当我试图了解批判性思维发展差距给300多名教育工作者带来的影响时，他们却很少提起标准化测试。这会发生什么呢？一所拥有许多优秀学生的学校，因为优等生们无法争夺出谁应该获得在毕业典礼上发言的荣誉，所以最终有整整10位毕业生去发言。学生们更关心的是成绩和排名，而不是学习过程本身。

说到争夺，几位中学教育工作者谈到了他们面临的挑战，即学生的纠纷比以往任何时候都更容易升级成打架斗殴，尤其是年轻女孩之间。事实上，有一次在校长办公室里，我目睹一位校长正在审查律师式思维的课程，并因为多角度进行分析案例可以帮助学生提高解决冲突的能力而十分激动，但就在这时，我听到一连串的脏话和尖叫声，校长因此冲出了办公室。原来是两个女孩在校长办公室的大门外打了起来。学生们往往以一种让人不悦的方式来表示反对，从而对学校文化产生破坏性影响。

批判性思维教育差距的影响范围不仅体现在学术领域，而且也比我们想象的要大，甚至在为天才学生提供的项目中也是如此。首先，非裔美国人、拉丁裔美国人、英语语言学习者和来自低收入家庭的学生群体在资优教育中的比例严重偏低，存在着巨大的公平问题。但是，即使我们找出公平的鉴定方法，全美仍有太多名不副实的资优课程。这些课程计划通常仅限于小学阶段，让学生每周离开课堂一到两次去接受资优服务。这忽略了天才学生一直都是天才的事实，并助长了普通教师“事不关己”的心态。

在中学阶段，为天才学生提供的服务更少。尽管人们普遍认识到天才学生的成绩不一定优异，但绝大多数中学为资优和天才学生提供的服务都围绕着速成课程或高级课程展开。近年，据估计，5% 的资优学生在高中辍学，而每四名具有低收入背景的高分学生中，就有一人没有申请大学。我们为最优秀和最聪明的学生所做的事情根本没有效果。

这个漏洞百出的系统给成绩优异但来自低收入家庭的学生带来了过度的不良影响。根据 2007 年的一项数据，这些学生可能会按时从高中毕业，但却不太可能进入名牌大学或从大学毕业，抑或是获得研究生学位。这个问题并不限于我们能力最强的学生。在一项专注于潜力和表现之间差距的研究显示，88% 的高中辍学学生成绩合格，但由于无聊而辍学。如果我们的教育系统没有充分释放我们认定的最好和最聪明的学生的潜力，那这对其他的学生又意味着什么？

我可以在这里列举更多的数据。但是，仅凭数字并不能真正说明批判性思维教育差距所带来的负面影响。故事能说明问题。我经常想起我参观过的一个六年级班级，那里有一半以上的学生在看书，因为他们已经完成了他们的学习任务。我很快注意到这是一个英语语言学习者的班级，老师自己也有小时候作为英语语言学习者的亲身经历。但是，当看到这个班学生的作业表时，我感到很惊讶，我发现他们正在动词后面加上“ing”（进行时态）。这是一个六年级的班级，在学生的作业表底部显示，该作业表来自三年级的教科书。

当我问这位老师为什么六年级的学生在做三年级的作业时，她告诉我，他们“水平很低”，“无法处理”现在这个年级的作业。

我已经看到学校领导对这类低期望说“适可而止”。这些学校领导通常会为了确保学生的作业具有适当的挑战性且符合本年级难度，全面实施标准严格的数学和英语语言文学课程。校领导在课程资源上斥巨资，并为教师能成功使用这些课程而进行高强度培训和专业发展。这位老师很激动，因为她学校的主要生源来自城市极度贫困家庭，但是她自己则来自一所主要生源为郊区中上层家庭的临近学校，并且有些优异的教育成果。从理论上讲，这个课程中存在着严谨的批判性思维。在我旁听的一节课上，学生必须分析两篇文章：一篇是关于交通信号灯的历史，另一篇是关于社区谷仓建设的历史。然后，他们必须综合这些文本，解释这两种做法对社区的发展有何贡献。但这里有个问题：这位老师在关于交通信号灯的文本上画了一个巨大的叉。据这位老师说，这些学生“几乎不能阅读”“他们的写作更糟糕”，所以要求他们按照原课程设计去完成作业是“不可能的”。

这确实是“不可能的”，当教育工作者想方设法剥夺学生们进行批判性思考的机会时，期望学生成为 21 世纪所要求的批判性思维者就是“不可能的”。根据2018年美国新教师项目（TNTP）的开创性报告《机会神话》（*The Opportunity Myth*），类似这样的故事往往很常见，并非例外。TNTP得出的结论是，具有低收入背景的学生成功地完成了教育者要求他们做的71%的学习任务，但只有17%的学习任务达到了相应年级的水平。批判性思维的教育差距使得即使是那些每天都来上学并完全按照要求去做应做事项的学生，也无法为未来的需求做好准备。

之所以说批判性思维的教育差距绝不是不可逾越的，是因为它是期望值的差距，而不是潜力的差距。事实上，来自低收入家庭的学生、语言背景多样化的学生，以及来自少数族裔的学生，往往具备极大的批判性思维潜力。有些人把这个称作“街头小聪明”，但我反对这样的归类。街头智慧就是智慧。未能将“街头小聪明”的实际问题解决策略转化为学术上的智慧是大人的问题，而不是孩子的。

在学校之外，拥有街头智慧的是那些经常被迫想办法的年轻人。那些在学校似乎对分析纪实文学不感兴趣的英语语言学习者，在家却帮助他们的家人完成复杂的英语文书工作。那些没有花时间分析论文使用信息来源可信度的学生，却是评估人员可信度方面的专家——他们经常依靠这种技能把控周围环境的安全。如果我们的目标是为批判性思维建造一座坚实的房子，那地基和框架就在那里，我们只需要开始建造而已。

我们的问题太难，需求太大，风险也太高，以至于我们不能忽视这些学生。认为学生“不能、不会、不愿意”使批判性思维教育差距得不到解决的观点，是站不住脚的。这种认为“现在的孩子”不能进行批判性思维的想法，忽视了我们对这些孩子负有责任的事实。相反，“现在的成年人”需要致力于改变这种说法，并停止将批判性思维视为奢侈品。弥合这一差距是我们让所有学生获得 21 世纪的机会的唯一希望。

如果我拥有魔法，那我想让全国各地的学校系统都认识到，利用资优教育策略和教学实践使所有学生受益，是缩小久治不愈的成绩差距最可行的方法之一。支撑这一观念的一个重要例子来自加州大学洛杉矶分校篮球队的中锋卡里姆·阿布杜尔–贾巴尔[（Kareem Abdul-Jabbar），当时叫卢·阿尔辛多（Lew Alcinder）]和其他天赋异禀的运动员。他们的扣篮让对手无法防守，所以全美大学体育协会（National Collegiate Athletic Association，NCAA）决定在 1967—1977 年间禁止扣篮，人为地限制这些球员的能力，使赛场更具竞争性。这种做法与普通的教育没什么区别，即限制高潜力、高能力的学生使之得不到挑战。扣篮禁令与那些以公平的名义主张取消天才计划、磁力学校和其他精英项目的人的潜在动机相似。

但是，在大学篮球比赛废除扣篮禁令后不到 10 年，手还没大到可以握住篮球的斯伯特·韦伯（Spud Webb），却在全美篮球协会的扣篮比赛中击败了比他高许多的队友、绰号为“人类电影精华”的多米尼克·威尔金斯（Dominique Wilkins）。20 年后，斯伯特·韦伯训练内特·罗宾逊（Nate Robinson）赢得了扣篮大赛，而罗宾逊在五年内三次夺得了冠军！

我分享这段轶事，是因为我们常常认识到，为英语语言学习者和接受特殊教育服务的学生提供的战略性调整，对所有学生都有帮助；但我们较少了解到，为资优学习者提供的差异化教学也有类似效果。这就是为什么一些希望为所有学生提供标准严格的课程的学校，会要求所有教师获得资优教育资质并为其支付培训费用。教育公平不能只停留在缩小成绩差距上，它还必须打破成绩天花板，确保我们充分释放出所有学生的潜力，包括我们的天才学生和成绩最好的学生，这是缩小批判性思维教育差距的关键战略。

第二部分

律师式思维

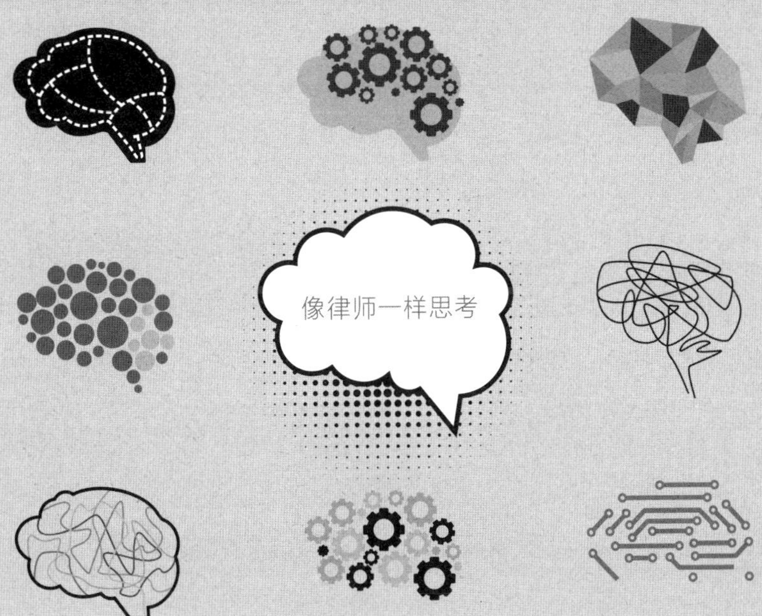

第 4 章

批判性思维的变革

在华盛顿特区教育系统及儿童福利系统工作之后，我回到了内华达州拉斯维加斯的课堂上，很高兴能在该市教学环境最艰难的学校之一重新开始教授初中和高中的数学课。安德烈·阿加西预科教育学院（通常简称为阿加西预科），是个充满挑战的工作场所。朋友们警告我，我不会得到很多的行政支持，这是一个公允的警告。有史以来第一次，我看到老师们在中午擅自离开岗位。我在那里工作的六个月内，教师流动十分频繁，我几乎记不住那些同事的名字，因为他们来了又离开。学生们对这种忙乱的环境做出了相应的反应。他们中的许多人最终在学业上陷入困境，因为每年都有一群像是走过场一样的教师，而这可不是什么好兆头。学校在组织构架上的缺失也经常影响到学生的行为。即使没有这些外部挑战，常见的贫困问题也对学习造成了非常现实的障碍。

尽管在阿加西预科教书已经颇具挑战，但我却让自己更加辛苦。我做了一个未必正确的人生决定，作为在职学生，晚上去内华达大学拉斯维加斯分校的威廉·柏伊德法学院就读。但是，上法学院并没有阻碍我成为一名教师，反而成为我从一名"好"老师转变为一名致力于缩小差距的教育者的基础。这种转变始于我进入法学院之初。

你认为一个法学专业的学生在法学院学到了什么？如果你认为答案是"法律"，那这也正是我申请法学院时的想法，但事实并非如此。事实证明，有太多的法律一直在变化中，所以学生坐在那里背诵不同的法律条文是没有意义的。相反，在法学院学习的重点是像律师一样思考。这个观念初看似乎很奇怪，直到我开始想到我认识的几位律师。

如果你碰巧有朋友、家人或同事是律师，你就会知道这是真的：律师非常令人讨厌，尤其是在回答问题的时候。假设你遇到了某种困难，比如一个家庭法律问题、就业问题，或一个朋友面临的移民问题，你去找你的律师朋友寻求一些简短的建议（毕竟他们是律师）。他们是这样回答的：

“嗯，这取决于……一方面……但另一方面……”

“我需要了解更多的信息……”

“这可能是两种情况，因为……”

你马上就会后悔自己竟然会去询问他们。

美国25位历任总统、35位开国元勋，圣雄甘地和纳尔逊·曼德拉都是律师，如果更深入地研究这一趋势，这可能是有原因的。当人们被训练得像律师一样去思考时，他们会情不自禁地从多个角度看待问题并提出不同角度的解决方案。他们会习惯性地提出问题，直到得到他们需要的信息。他们会习惯性地提出不同的主张，并想方设法找到有效且具有关联性的证据来支持这些主张。

在阿加西预科学校教初中和高中数学时，我意识到“像律师一样思考”的含义，并从中得到了一个启示：这些正是我们的学生所需要的批判性思维技能、习惯和心态。为什么要等到进入法学院才首次给学生介绍这个强大的模式？这与商学院使用的框架相同，也是苏格拉底在二十几个世纪以前就创造的方法。学生们不应该等到进入法学院才有机会接触到这种强大的批判性思维模式。

让我更生动地描绘一下这幅画面。作为一名法学院学生，我学习了合同法、宪法、刑法、民事诉讼法、联邦所得税法、离婚调解、家庭法以及遗嘱、信托和遗产等课程。在这些不同的课程中，我的法学院教授们都要求我定期进行一系列严格且深入的调查实践。这些都与死记硬背无关。事实上，我的大多数教授都允许学生在期末考试时携带任何东西，从一页大纲到一整套笔记或教科书。

对法律有一定正确理解的学生可以得到 C；弄清楚如何将某一场景中的事实应用于法律可以得到 B；而得到梦寐以求却罕见的 A 的唯一途径，是将目光流连于事实与法律之间，激发出创造的火花。我必须站在我的同学们（他们都在同一条既定的成绩分布曲线上）根本没有考虑过的角度考虑问题。当我将论点转移到正在讨论的问题之外时，我不得不进行公共政策方面的考虑，并权衡这一结果在社会中产生更广泛影响时的后果。

有效性和可靠性

主张十分重要。实事求是地说，在法学院，这意味着每当我面临法律问题时，我的目标就是提出一个有说服力的主张，然后确定如何通过有效且相关的证据支持该主张。有效意味着所使用的证据必须精准且真实可信；相关是指证据在事实上支持该主张。我的刑事诉讼法教授把我的成绩等级提高了半分，因为我在课堂上分析了2002年“美国联邦政府诉德雷顿”一案，该案涉及两名男子在“灰狗”长途汽车[①]上被警察搜查后被判犯有贩运毒品罪。看看这些事实，你是否注意到与我相同的事情：

> 克里斯托弗·德雷顿（Christopher Drayton）和小克利夫顿·布朗（Clifton Brown），乘坐从佛罗里达州罗德岱堡市驶往密歇根州底特律市的“灰狗”长途汽车。长途汽车在佛罗里达州的塔拉哈西市例行停靠。司机要求乘客下车，以便给汽车加油和清洗……司机允许塔拉哈西市警察局的三名警察上车，进行查禁毒品和武器的例行检查活

① 是美国跨城市的长途商营公共汽车，上面绘有一条奔驰着的灰狗。——译者注

动。警察们身着便衣，携带隐蔽武器，并于明显位置佩戴警徽……

朗警官注意到，尽管天气很热，德雷顿和布朗还穿着厚厚的夹克和肥大的裤子。根据朗警官的经验，毒贩们总是利用肥大的衣服藏匿武器或毒品。于是朗警官问布朗："可以对你进行搜查吗？"布朗回答："当然。"他从位子上站起身来，把手机从口袋里拿出来，拉开了夹克，予以配合。朗警官越过德雷顿，对布朗的夹克和口袋，以及他的腰、身侧、大腿上侧进行了拍身搜查。在他双腿部位，朗警官发现有硬质物体，类似其他场合发现过的毒品，于是朗警官逮捕了布朗，并给他戴上了手铐。胡佛警官押着布朗离开长途汽车。

随后朗警官问德雷顿："我可以搜查一下你吗？"德雷顿将手举到离他大腿 8 英寸[①]的距离，以示回答。朗警官对德雷顿的大腿部位进行拍身搜查，发现也存在硬质物体，与布朗身上找到的相似。他逮捕了德雷顿，并将其押离长途汽车。

---

① 1 英寸≈2.54 厘米。——译者注

本案的关键在于，根据《美国联邦宪法第四修正案》，这是否是一次合理的搜查和扣押。你是否注意到我当时在这里看到的内容？你认为警官们关于这是一个合理的搜查过程的说法是有效且相关的吗？说到此处的有效性，我至少看到两处巨大的缺陷，导致我怀疑警官的行为是否有精准且真实可信的信息支持。这辆巴士从罗德岱堡市出发，在塔拉哈西市停留，但这辆巴士是在二月份开往底特律的。当你在二月份前往底特律时，穿着大衣真的那么可疑吗？另外，我不确定这些警官的可靠性，因为这组事实似乎有些值得怀疑的地方。如果这些人正在实施犯罪，那么他们自己也知道这一点。德雷顿刚刚看到同伙因为自愿接受搜查而被带下巴士并被逮捕，然后随即就同意被搜查，这有多大的可能？

我的教授曾是一名检察官，他在那一刻停止了授课，强调说：“这才是分析应有的样子。你不能只看‘事实’，便盲目地接受这些就是事实。你需要去了解‘事实’背后的故事。”也许朗警官因为没有严格遵守《美国联邦宪法第四修正案》的准则，其逮捕行为曾有几次被推翻了，因此他想办法使警察报告中的叙述听起来合理。也许事实并非如此，但拥有足够健康的怀疑精神来挑剔“事实”是一个显著的批判性思维特征，这也是律师式思维框架的重要组成部分。

多角度考虑问题

作为批判性思维过程的一部分，法学院还训练学生考虑一个论点的多个角度。更确切地说，像律师一样思考，需要学生确定最重要的争论主题，并对争论的每一方进行精准分析。如果你分析一下传统奶农与植物性质的杏仁奶和豆奶等产品的生产商之间关于什么应该被称为“奶”的争议，那你通常会倾向于自己最初的想法。农民往往倾向于“奶必须是被挤出来的”，并认为那些靠贬低乳制品为生的公司将其产品称为奶，根本就是不公平的。另一方面，如果它看起来确实跟奶一样，那么用奶来称呼它有什么问题吗？传统奶农接下来会不会因为花生酱公司的植物黄油不是“真正”的黄油而去找它们理论？需要明确的是，我在这里模拟的过程，并不仅仅是列举某种论据。法学院期望学生为不同的观点提出令人信服的强有力论据。尽管作为执业律师，我不可能花时间为我的对手辩护，但我确实从抢占对方最有力的潜在论点中获益匪浅。

权衡后果

像律师一样思考是批判性思维的一个有力模式。我在法学院学到的题材性质的多样性，要求我能将这些批判性思维工具在不同的背景下进行转换。但是，律师式思维方式的魅力远不止其对分析推理有好处，它对以公平和正义感为基础的教学方法也有一种激励作用。

我在合同课上分析的第一批案件之一是“露西诉泽莫案”，1954 年弗吉尼亚州最高法院对此案做出裁决。案件事实很简单：露西带着一瓶威士忌来到泽莫的餐馆，他们喝了很多酒，后来开始讨论泽莫农场的出售事宜。在一张收据的背面，泽莫写道：“我们特此同意将弗格森农场整体卖给 W. O. 露西，价格为五万美元，所有权归于买方。”露西把这张纸条拿给他的律师，并试图执行这份合同，而泽莫则提出反对，说他喝多了，露西应该知道他不是认真的。法院强制执行了该合同，理由是合同是否成立不仅仅与当事人的意愿表示有关。相反，法院认为合同的成立与否涉及更为客观的分析，要看实际的语言和行动。

当其他学生们对这个案例做笔记并写下相关法律法规时，我挠了挠头。我知道这是法院的判决意见，但我对此并不赞同。我明白为什么法院更倾向能够表明其意愿的客观证据，而不是主观证据。但是看看这条规则，如果我想得到一些便宜的土地，我是不是应该去当地的餐馆，把老板灌醉，然后用餐巾纸背面的一些涂鸦让他同意出售土地？如果我们分析一下这类情况的潜在后果，那么这些公共政策上的考虑可能会导致不同的审判结果。这时我才意识到像律师一样思考是多么强大。

法院的审判意见不是一个标准答案，它仅仅代表一家法院的意见。1857年，美国最高法院在“德雷德·斯科特诉桑福德德案”[①]（简称“斯科特案”）中的意见是，“（种族）隔离，但平等”就是好的。美国公民没有必要接受这个观点，也不必接受最高法院的意见，即“非裔黑人种族”是“如此低劣，以至于他们不享有那些白人必须被尊重的权利；黑人可以出于其自身的利益，公正合法地沦为奴

① 这是一个关于奴隶制的案件，该案的判决成为南北战争的关键起因之一。黑人奴隶德雷德·斯科特随主人到过自由州伊利诺伊和准自由州威斯康星，并居住了两年，随后回到蓄奴州密苏里。主人死后，斯科特提起诉讼要求获得自由，被驳回。斯科特上诉到美国最高法院，最终大法官维持了原判。——译者注

隶”。当你不仅培养学生分析世界现状的能力，而且传授他们质疑世界应该如何的批判性思维工具时，学生的积极性会达到一个不同的水平。我们都听说过这样一个俗语：你可以把马牵到水边，但你不能逼它喝水。当我们以一种释放学生固有的正义感和公平感（或对青少年来说不公正和不公平）的方式进行教学时，我们不仅仅是在把马引向水边，我们是让这匹马渴得发慌。

作为一个成绩始终不佳的人，当以全班第一的成绩完成在法学院第一年的学习时，我感到很震惊。在我的整个 K12 教育经历中，我甚至从来没有当过本周最佳学生！但是，法学院与我之前所习惯的那些学校存在着根本性差异。我在法学院表现优异的原因，与许多之前有着高达 4.0 平均学分绩点的优异学生在法学院挣扎的原因是一样的。有着高分记录的法学院学生痴迷于寻找“正确”的答案。他们花了很多时间来背诵法律法规，但当教授们要求他们将这些法规应用到为期末考试编造的各种各样的疯狂的案件中时，他们却一筹莫展。

值得注意的是，全国各地使用律师式思维课程进行教学实践的教师，在向学生介绍这一思维模式后，都报告了相同的违背直觉的发现。他们中成绩最优秀的学术明星在需要进行这种批判性思维的课程中表现得十分吃力。与此同时，各种类型的困难学生和“行为不端”的学生却像摇滚明星一样脱颖而出。在我有了上法学院的经历后，这种结果对我来说一点也不奇怪。

顶尖的学生往往过于习惯去找“正确”的答案，对他们而言，适应一个灰色地带比适应黑白分明的世界更具有挑战性。今天的成功者也是在学习如何按规矩办事的环境中获得成功的。向他们展示如何做某件事，他们就会学会、记住、重复、再使用、再循环。但是，发挥原始思维能力，从非传统的角度来看待问题，以及通过更细微的差别来处理问题，对他们来说并不总是得心应手。

同时，学习困难的学生具有独特的资质，最终总能特别胜任“学习如何学习”这一项 21 世纪的技能任务。学生们在听完老师的讲解后，通常会发现自己对老师刚才所说的内容毫无头绪，最终只能迫使自己去理解教材的内容。这种创造性和智慧使他们在思考那些更加开放的、具有大量分析空间的问题时更胜一筹。

没有任何一群学生能像我们这些“行为不端”的孩子那样思考另类的理论和从独特的角度思考。事实上，我可以亲自证明这样的好处，在我的K12经历中，大部分时间我都是以“嗯，发生的事情是……”作为向我的老师们解释各种恶作剧的开场白。我所依靠的那种为童年的恶作剧进行辩护的创造力，与为被告寻找新的理由以避免刑事或民事责任的过程惊人地相似。这让我兴奋不已，因为我意识到律师式思维不仅仅是一个分析模式，也是向学生灌输强大的批判性思维习惯的方法。它还是缩小批判性思维教育差距的实用方法。创造一个批判性思维不再是奢侈品的世界的重要起点，是帮助教育工作者看到学生们强大的批判性思维所蕴含的宝贵财富，而这些学生通常因为担心自己“水平太低”而被剥夺了学习批判性思维的机会。

律师式思维也与全美各地正在为应对更严格要求而进行的教学变革一致。作为一名数学教师，我回归课堂的时候正赶上“共同核心州立标准”[①]的推出，我对意义重大的教学实践感到十分兴奋，该教学实践为数学、英语语言学院和就业方向准则提供了指导。律师式思维模式与数学的三大实践标准是密不可分的：

- 共同核心州立标准数学实践标准一：理解并坚持解决问题；

① 2010年颁布的统一美国K12的课程标准。——译者注

- 共同核心州立标准数学实践标准二：抽象和量化推理；
- 共同核心州立标准数学实践标准三：构建可行的论点并批判他人的推理。

像律师一样思考也与所有英语语言学院的基本教学内容和学生的职业预备能力相符：

- 他们表现出独立性；
- 他们拥有强大的背景知识；
- 他们回应来自受众、任务、目的和行为准则的不同要求；
- 他们在理解的同时会进行评判；
- 他们重视证据；
- 他们有策略且有能力使用技术和数字媒体；
- 他们开始理解其他观点和文化。

成为一名律师的全部意义就在于理解问题，并坚持解决棘手的问题。若不能同时进行抽象和具体的推理，律师就无法有效地从事法律工作。我当律师时，几乎每个计费的小时都被用来建立可行的论点，同时寻找彻底推翻对方论点的有效方法。毋庸置疑。律师式思维的重要部分在于，在很大程度上“回应受众、任务、目的和行为准则的不同要求”“理解的同时进行评判”以及“重视证据”。

即使是那些从未采用“共同核心州立标准”的州（如得克萨斯州和弗吉尼亚州），也仍然是追求更加严格的学术标准的全国性运动的一部分。但这项运动的一个长久挑战就是人们并不知道如何将教学实践推向这一理想境界。如果你的孩子在过去 8 至 10 年里开始上学，你很可能会咒骂“新数学”这个名字；如果你在过去的 8 至 10 年里一直在课堂里，你可能听到严格这个词的次数比听到学生要求上厕所的次数还要多；如果你在过去的 8 至 10 年里一直是学校的领导，你可能急得在教室里走来走去，感叹每当涉及严格性时，尽管你做了最好的辅导，但有些老师就是不明白它（不管“它”是什么）。但是，你很快就会看到，律师式思维将严格教学的概念转化为更实际的东西。

最重要的是，律师式思维颠覆了布鲁姆的分类法。我经常认为，布鲁姆的分类法是教师教学中最不适当的图表。问题不在于图表的内容，而在于图表本身的设计（见图 4–1）。

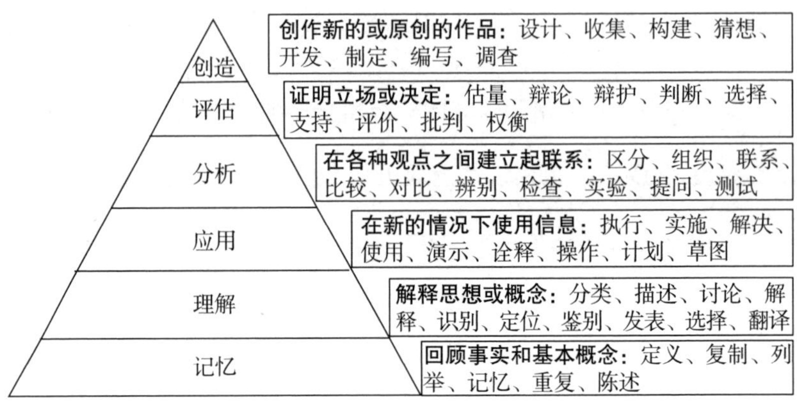

图 4–1　布鲁姆分类法图解

在布鲁姆分类法关于思维层级的设计图中，记忆和理解处于最底层，而评估和创造则处于最顶层，这使教师认为这些层级必须始终按这个顺序进行处理。如果是这样的话，那教师因为学生的"水平太低"（特别是那些可能低于年级水平的学生）而放弃教授批判性思维就不奇怪了。这种方法忽视了这样一个现实，即学生在充分了解基础知识之前就可以进行评估和信息整合，并开始进入高阶思维。事实上，一个有启发性的高阶问题往往可以作为诱饵，激励学生掌握回答问题所需的低阶技能。

在美国，每所法学院和商学院都使用案例教学法是有原因的。这种苏格拉底式的提问方式转移了权力，使教师不再是讲台上的圣人，取而代之的是学生承担了学习的重任。对于那些需要超越非黑即白思维的天才学生来说，律师式思维能通过激发他们巨大的公平和正义感来释放他们的潜力。律师式思维以其十分易懂并且应用情景灵活的特质，使教育工作者无论在哪个年级和哪种学科领域，都能实施这些策略。

在内华达州的拉斯维加斯，就读于最富裕社区学校的初中二年级学生在州数学评估中勉强能达到60%的熟练程度，就读于低收入社区学校的同年级学生则很少超过35%，而我在阿加西预科的初中二年级学生中则有74%达到了熟练程度。从那时起，律师式思维与资优生项目、青少年拘留所、因超龄离开寄养中心的年轻人、精英私立学校、学前教育项目、英语语言学习者以及“Title I”资助项目[①]的合作，证实了我们的理论，即任何使用此模式的人都可以教授批判性思维。这十分有帮助，因为所有学生都必须掌握批判性思维。

---

① 《美国中小学教育法》中第一款（Title I）规定：本款的目的是为所有儿童提供重要的机会，接受公平、公正和高质量的教育，并缩小教育成就的差距。一般将美国联邦政府根据该条款为儿童提供的教育经费称为Title I经费，接受联邦政府资助的学校称为Title I学校。——译者注

第 5 章

律师式思维导论

律师式思维远远超出了我们通常所认为的法律范畴。从你起床到上床睡觉，你可能会遇到数百个需要批判性思维的时刻：关于牙膏吞食过量的警告标签、麦片上的营养成分（并且震惊地发现，你碗里的麦片至少是建议食用量的两倍）、你刚刚接受的新应用程序所提出的条款和条件（该条款要求你同意在南极洲进行有约束力的仲裁），甚至你在日常通勤中可能看到的简单标志。

以右边这个标志为例。这个标志是什么意思？这似乎很简单：

禁止在公园内驾驶！换句话说："你看到这里是公园了吗？不要在这里开车！"非常简单明了：你不能在公园里开车。

但是这有一个小问题：你能在公园里骑自行车吗？标志上写的是不准开车，所以自行车可能没问题，对吧？但是，如果驾驶限制是出于安全的考虑，也许我们不希望在幼儿玩耍的游乐场旁边有一群极限运动自行车手做车轮弹跳和疯狂的特技动作。因此，也许我们可以再加入一条规则：禁止用危险方式骑行普通自行车。

那电动自行车呢？它们有马达，尽管骑电动自行车和开车不太一样。但如果我们允许驾驶电动自行车，接下来我们就会允许摩托车，进而导致滑坡效应[①]。所以也许我们应该明确我们所说的"驾驶"是什么意思。如果驾驶意味着操作任何装有马达的可移动车辆呢？这样行吗？

听起来不错。但是你看：那个可爱的六岁小朋友，碰巧有一个吉普大切诺基电动玩具车。它里面有一个小马达，但它的时速不超

① "滑坡效应"指的是一旦开始便难以阻止或驾驭的一系列事件或过程，通常会导致更糟糕、更困难的结果。——译者注

过每小时3英里[①]（我可能会因为怨恨去禁止它，因为这是我小时候一直想要的玩具，而我的母亲就是不给我买）。有人会说，这种驾驶是可以的，因为它不是“真正”的驾驶。所以，也许我们现在要修改这条规则：允许“真正的”车辆以外的车辆在公园内行驶。那电动汽车算吗?

还有一个想法：我们正在接受这样一种解释，即你不能在公园里驾驶任何种类的真正的机动车。但是，假设一个小男孩从秋千上摔下来，流血不止。救护车马上就来了，医护人员意识到，只要开车穿过公园来到男孩身边，他们就可以抓紧时间马上把他送到医院。但是如果他们不得不从救护车上下来，拿出担架，跑进公园，抬起男孩，把他送到医院，他们将失去最关键的10分钟治疗时间。我猜大多数人都会同意救护车穿过公园拯救一个男孩的生命。但是我们刚刚决定，在公园里不准开车!

这是一个有力的例子，说明律师式思维同时具有可行性和复杂性。即使是年纪最小的学生，也不难理解“禁止在公园内驾驶”的含义。但是，思考这个简单含义背后的所有潜在的例外以及之间的

① 1英里≈1.6千米。——译者注

细微差别，则体现了教育者如何利用直截了当的概念来培养关键的批判性思维的好奇特质，即超越表象进行探索的习惯。

律师式思维策略

在接下来的章节中，我将介绍五种不同的律师式思维策略。多角度分析是律师式思维的基本策略，也是其他策略的基础。基于该框架对整个律师式思维方法论的重要性，本部分包括解释如何运用多角度分析的章节，以及解释这个方法为何起效的章节。

其他四个“律师式思维”的策略是：错误分析、调查与发现、和解与谈判以及竞争。你将了解到每个策略背后的理论框架、为什么以及如何释放学生的批判性思维潜力。你还会得到如何将这些策略与中小学各学科领域的实际应用相结合的实例。其中一些实例是包含有大量细节描写的迷你课。其他实例则是关于如何处理一个单元教学的一些简单的提问或简短的描述。

这些策略并没有被设计成一刀切的解决方案；相反，它们是为了激发你在教学中的转变。因此，如果你期望在此实现某种革命性的转变，那你就读错书了。律师式思维的方法基于这样一种理念：尽管电视上不会转播批判性思维的革命，但它一定是实用的，以实施的实用性为首要考虑。你应当了解到律师式思维策略是在不知道具体课程大纲的情况下依然能够应用的工具。

换句话说，无论你的学校是否有数学和英语语言文学课程，你都可以应用这些方法。你可以将律师式思维策略无缝对接到以项目学习、STEAM、蒙台梭利[①]、基础学习法或双语项目为优先的学校模式中。虽然提供的案例仅限于数学、英语语言文学、社会研究和科学等核心学术科目，但美术、体育、职业和技术教育以及其他选修课程的教师，也可以在他们的日常工作中进行非常实际的应用。

当你阅读这些律师式思维模式以及如何应用它们的实例时，我会建议你思考学术之外的影响。之前，我们将批判性思维定义为由以下四个部分组成：

1. 我们所需要的一套技能和性格特质；

① 此处指蒙台梭利教育法，由意大利幼儿教育家玛利娅·蒙台梭利（Maria Montessori）创立。她的教育方法源自其在与儿童工作过程中所观察到的儿童自发性学习行为。倡导学校应为儿童设计量身定做的专属环境，并提出了吸收性心智、敏感期等概念。——译者注

2. 学会我们需要学习的内容；

3. 解决跨学科问题；

4. 以正确地做事的精神为基础，而不是简单地做正确的事。

律师式思维的学术效益并不比该模式在提高冲突解决技能、鼓励积极的公民意识和培养领导技能方面所发挥的作用更重要。每位教育工作者对学生的全面发展都发挥着独特作用，因此，在如何使用律师式思维策略积极塑造学生的性格、判断力、思维模式和领导潜力上，请保持开放的心态。

第 6 章

多角度分析

谈到矛盾问题，律师们会看到矛盾的多个方面。全面分析任何问题都需要仔细了解案件的各个不同方面。一旦做出这个分析，一位就职于我曾工作过的那种大律所的典型初级律师必须考虑几个附加问题：

- 我将如何向主要负责本案的合伙人介绍这些信息？
- 我将如何向客户解释才能达到“少承诺，多兑现”的效果？
- 我如何组织论点才能最大限度地说服阅读这份案情摘要的暴脾气法官？
- 我如何确保我写的东西可以最大限度地驳倒对方的论点？

律师式思维的基本策略是从多个角度进行分析，并对不同的受众进行有说服力的沟通。本章将通过介绍一个真实的法律案例来阐明这一策略如何运作，详细分析为什么这是一个如此有影响力的批判性思维工具，并提供几个将这一策略应用于教学实践的例子。

1955 年的“加勒特诉戴利案”是一个著名的人身伤害案件，大多数法学生在法学院的第一年会在侵权行为课上学习该案。下一节中的一系列案件事实和法院随后于 1955 年在华盛顿做出的裁决，在法律上创造了极为重要的先例。幸运的是，它也为我们提供了发展批判性思维技能和性格特质的强有力的机会。

椅子

布莱恩是一个 5 岁的小男孩，他看到姨妈正要坐到椅子上，就在她要坐到椅子上之前，他把椅子拉走了，于是姨妈摔倒了，并摔坏了髋骨，为此花费了 11 000 美元的医疗费。最终，她以殴打罪起诉布莱恩。殴打罪发生要有以下四个构成要件：

- 主观故意的行为；

- 有（肢体）接触；
- 接触具有损害性或攻击性；
- 造成损害结果。

其中每一项要素都必须是真实的，才会有人对殴打罪负责。假设布莱恩有支付能力，你对以下问题的直觉反应是什么？布莱恩应该对殴打罪负责吗？

大部分教育工作者都会不假思索地说“不应该”。这也是一屋子小学四年级学生、初中一年级学生甚至高中三年级学生可能的反应。多年来，我向 20 000 多名教育工作者提出过这个问题，我可以自信地说，95% 以上的人也有同样的直觉反应，即布莱恩不应该对殴打罪负责。但是，请你挑战一下自己，跳出最初的偏见，思考一下这位姨妈的论点，她会如何论证布莱恩应该承担责任？

在我们分析姨妈的观点之前，有两个重要的基本规则：第一，我们不能编造任何内容，整个分析必须限于已给出的信息；第二，双方都没有质疑这些事实，这意味着我们认为整个故事表面上看是真实的。换句话说，我们知道布莱恩看到他的姨妈即将坐下；我们知道布莱恩在她坐下之前把椅子拉走；我们知道她摔倒了，摔坏了髋骨。这些事实是没有争议的。

鉴于这些事实、殴打罪的规则以及这些基本规则，我们应该从哪里开始分析？这类分析的第一步是缩小核心问题的范围。为了证明殴打罪成立，姨妈需要证明布莱恩的行为符合殴打罪的所有四个构成要件：（1）主观故意的行为；（2）有（肢体）接触；（3）接触具有损害性或攻击性；（4）造成损害结果。这里有不能进行合理论证的构成要件吗？

因为布莱恩的姨妈摔坏了她的髋骨，并且花费了 11 000 美元的医疗费用，所以很明显，布莱恩拉走椅子的行为是有害的，给她造成了损害。我们可以编造一些事实，声称他姨妈在之前已经摔坏了髋骨，她为了把责任推到布莱恩身上故意摔倒。但是该编造的事实违反了前述的基本规则。此外，姨妈似乎不太可能一边身负髋骨骨折这样的重伤，一边拖延很长的时间来完成这个“大师级”的骗局——让一个五岁的孩子支付她的医疗费用。为了分析这个案例，我们确实需要关注布莱恩的行为是否为故意以及布莱恩的行为是否涉及直接接触。在本案中，这些是存在严重争议的构成要件。

意图的证明十分棘手，因为我们无法看透布莱恩的脑袋，证明他是故意把姨妈要坐的椅子拉走的。那么，我们的目标就是找出解释事实的方法，使陪审团除了认为布莱恩把姨妈要坐的椅子拉走是故意的以外，别无其他合理的结论。当我们解释这些事实时，我们必须找到一种简单的方式来陈述它们。简单很重要，因为陪审团成员全都是外行，他们不懂晦涩的法律术语，也不想学法律术语。那么哪一组事实被简单地解释一下，就可以得出“布莱恩的行为是故意的”这一确定的结论呢？让我们再看看这些事实：

> 布莱恩是一名5岁的小男孩，他看到姨妈正要坐到椅子上，就在她要坐到椅子上之前，他把椅子拉走了。姨妈摔倒了，摔坏了髋骨，并为此花费了11 000美元的医疗费。

我们知道布莱恩看见他的姨妈正要坐下，这似乎支持了他的意图，因为他清楚地知道她就要坐下了。我们也知道是他自己把椅子拉了出来，并没有风或者第二个拉椅子的人。但这里有个关键的细节往往被忽略了：布莱恩并没有在他姨妈坐下前五分钟，甚至是前五秒钟拉走这把椅子，他是“就在她要坐到椅子上之前”拉走的。如此精确的时间，很显然是经过深思熟虑和精心计算的，有力地证明了这是一种故意的行为。

我们可以将这些信息拼凑成一个简单的叙述提交给陪审团，听起来可能是这样的：

> 法官大人，布莱恩可能五岁了，但这个不寻常的五岁小孩不仅看到他的姨妈要坐下，还把椅子从她身下拉走了，而且是在她坐下的那一瞬间把椅子从她身下拉走的。现在，我无法看透布莱恩的头脑，去证明他是故意这样做的。但是，陪审团的女士们、先生们……你们怎么看？

这个论点听起来很有说服力，我知道你此时可能非常想为布莱恩辩护。如果你是布莱恩的律师，你会如何反驳对方的论点呢？事实上，请你站在一个典型的六年级学生的立场上，试图反驳一下对方的论点。典型的六年级学生会抓住哪一个关键细节来说明自己的行为没有经过深思熟虑？如果你认为布莱恩的年龄会是一个关键所在，那么你是对的。如果一个六年级学生用一篇只有三个字的文章来回答这个问题——“他五岁！”——我不会感到惊讶。换句话说，五岁的孩子很可能不明白拉走椅子的潜在后果。这可能是真的，因为大多数五岁的孩子不会故意想让他们的亲属住院。但是，如果你最好的论据是“布莱恩太小了”或“布莱恩是为了开玩笑”，这可能是不够的。你不能在法庭上争辩说，一个女人的髋骨骨折只是一个出了问题的玩笑。

让我们再看看这些事实：

布莱恩是一名5岁的小男孩，他看到姨妈正要坐到椅子上。就在她要坐到椅子上之前，他把椅子拉走了。姨妈摔倒了，摔坏了髋骨，并为此花费了11 000美元的医疗费。

有没有什么方法，让我们看着完全相同的事实，却讲出不同的故事。我们知道布莱恩看到姨妈要去坐椅子，然后就在她要坐下去的时候拉走了椅子，但是我们不知道他为什么要这么做。如果他是想帮她呢？如果布莱恩是一位训练有素的绅士，那么他看到她即将坐下，并在她坐下去之前拉出椅子，这就非常合理了。那她为什么会摔倒呢？因为五岁孩子的手眼协调能力、精细动作技能和深度感知能力都不是最好的。或者他只是漏掉了关键的一步，即在她要坐下的时候把椅子往里挪一下。无论如何，我都不确定我能有多相信这种说法。但是，如果这起事故真的发生在“训练中的绅士”这一理论下，那么根据分析，他不可能是故意的。

接下来是接触元素，是什么让证明接触变得棘手？这里没有直接接触。布莱恩拉走了椅子，他姨妈的髋骨就撞到了地板上。但姨妈的律师必须找到一些办法来回避并没有直接接触的事实。布莱恩“看到”她正要坐下，考虑一下眼神接触是否足以满足接触的要求，可能会有所帮助。但是，如果瞪谁一眼就要承担殴打的责任，这个世界会是什么样子？采用这种论据可能不是最好的主意。

我们知道是布莱恩和椅子的接触导致了姨妈和地板的接触。我们能不能提出一个论点，说椅子与姨妈的尾骨相连，而姨妈的尾骨又与地板相连？在这种情况下，椅子和地板成为姨妈身体的延伸，这种想法是有帮助的，但对于陪审团中的外行来说，还是有点令人费解。

如果我是这位姨妈的律师，我可能试图帮助陪审团理解，如果布莱恩的行为不被视为“接触”，会产生什么样的公共政策影响。如果殴打罪只能在具有直接接触的情况下被认定，世界会是什么样子？一个人可以用汽车碾压某人，然后说：“法官大人，严格地来说，是保险杠撞到了他。”而法官会说：“好吧，没有直接接触，结案。”对殴打罪的“完美辩护”包括“刀子刺了他”“子弹伤了他”，或“砖头砸了他的头”。因此，也许这里有一个连续的过程，一端是直接接触（比如打某人的脸），另一端我们可以指责酒保。

什么酒保？好吧，事实证明，在布莱恩的母亲受孕的那天晚上，她和布莱恩的父亲正在享受玛格丽特酒，酒保特别慷慨地为他们倒了很多龙舌兰酒。五年零十个月后，布莱恩造成了姨妈的髋骨骨折。如果酒保没有开启这场派对，布莱恩就不会出生，也不会有机会把姨妈身下的椅子拉走。不过这个酒保理论显然离题太远，无法证明因果关系。因此，你在这里可以应用的“要不是……”类型的推理是有限的。但在同样的假设推理中，在某人坐下之前把他身下的椅子拉走，可能更接近于应该被视为接触的行为类型。

很多教育工作者将批判性思维定义为“不带感情色彩的分析”。换句话说，批判性思维与理性思考有关。另一方面，基于情感的思考，在本质上是非理性的。但我认为批判性思维和情感之间的关系更微妙。要了解其中缘由，请想想你现在正在想什么。在分析了意图和接触之后，我希望你回到对这些事实最初的解读上：

布莱恩是一名5岁的小男孩，他看到姨妈正要坐到椅子上，就在她要坐到椅子上之前，他把椅子拉走了。姨妈摔倒了，摔坏了髋骨，并为此花费了 11 000 美元的医疗费。

与第一次读到这些事实相比，你现在是否认为这个案件可能比你最初认为的更复杂或更微妙？把这当作培养你的批判性思维倾向，特别是看问题的习惯的一个例子。你读到了这些令人震惊的事实，它们很快引起你的反应。你在没有充分分析所有细节的情况下就做出基于直觉的判断。但你有足够成熟的批判性思维，明白你的直觉反应是基于情感的，你也知道你的直觉还没有得到任何真实分析的支持。

试想一下，如果所有学生都有这种健全的质疑意识，能深入了解那些表面看上去十分简单的信息，那会怎样？试想一下，如果成年人在社交媒体上这么做会怎样？如果他们在一看文章标题便暴跳如雷之前先认真阅读文章会怎样？在一个表面上看起来很愚蠢的案件中，跳出你最初的偏见，为姨妈辩护的简单行为迫使你进行更细致的分析。随着时间的推移，这种类型的思维过程不断重复，培养了学生所需要的运用于不同事项的批判性思维技能和思维方式。

除了事实之外，退一步问问哪些问题显而易见却被忽略了，是很有帮助的。这个案子有什么奇怪的地方？姨妈起诉自己的外甥似乎很奇怪，尤其是他只有五岁。话虽如此，这里的真实情况是什么？引发这场诉讼的幕后细节是什么？你的头脑可能在飞速思考。也许你的脑海中已经开始上演家庭伦理剧，特别是关于姨妈可能与布莱恩的父母存在一些纠纷的想法。也许你认为这是一个保险问题，也许这位姨妈起诉布莱恩是为了以此触发保险赔付，因为她真的需要钱。说到钱，也许布莱恩名下有一个不错的信托基金，他父亲一方的家族十分有钱，在他们的房子里受伤再索赔显然是个明智之举。或者也许此处的动机需要被纠正，因为布莱恩可能是一个彻头彻尾的小恶魔，他已经做了几百次这样的事情却没有负任何责任。

你关于这个案件的特定想法并不重要。重要的是，如果这是历史课，你问学生谁是美国进步时代[①]最有影响力的人物，或者如果这是科学课，你让学生预测是什么引起了化学反应，那么默认的回答往往是“我不知道”或瞠目结舌。但是，当你挖掘学生内在的正

① 指美国国家建设历史上至关重要的一个时期，大约从 1890 到 1920 年。——译者注

义感和公平感时，他们就会为了布莱恩绞尽脑汁，他们的视野会超越书本，并做出天衣无缝的预测和推断。

我们甚至可以将其扩展到大局观的公共政策问题上。如果孩子们可以到处拉走椅子，让人受到严重伤害，而这些受害者却因为侵犯者年纪太小而不能得到赔偿，那么这个世界会是什么样的？与此同时，如果每次孩子们的恶作剧出了问题，成年人就可以到处起诉五岁的孩子，世界会是什么样的？这两个世界都不理想，但你更愿意生活在哪个世界？

在这一点上，我们已经采用了一个可以在小学引入的非常简单的概念，而且我们已经将其严格程度扩展到任何法学院或法庭上都可以运用的程度。最重要的是，学生们甚至不知道发生了什么。他们不知道自己正在从事与布鲁姆分类法的最高水平、韦伯的知识深度[①]或任何你最熟悉的严格标准相一致的批判性思维活动。学生们正享受着为布莱恩的权利而战的乐趣！而对于那些把这样的大局观问题作为课堂教学高潮的教师来说，这就成了转移权力的一个实用

① 美国教育评价专家韦伯提出了“知识深度”理论，主要指向教学任务、活动的设计，是推动学生深度学习和积极参与的学习工具。——译者注

工具。大局观问题帮助教师从舞台上的圣人，过渡到激励学生在学习中完成重任的促进者。

“答案”

考虑到这一切，你是否改变了自己的观点？在更详细地分析了这位姨妈的案件后，你对追究布莱恩殴打罪责任的决定是否有所改变？不管是否改变，你认为结果应该是什么？它与法官可能做出的决定之间有区别吗？通常，那些不主张布莱恩是责任方的思考者认为，法官会认定布莱恩应承担责任。他们的理由是法官更客观、只看事实，而他们不那么理性，更多考虑超出事实范围的问题。然而，对于这种紧张关系有一个更简单的解释，一旦我们看了法院的判决就会明白了。

法院裁定布莱恩对殴打罪负有责任。法院认为，虽然布莱恩可能无意损伤他姨妈的髋骨，但造成损伤的意图并非本案问题所在，唯一重要的就是布莱恩有拉走椅子的意图。虽然没有直接接触，但基本可以肯定的是，在某人即将坐下的瞬间，从某人身下拉走一把椅子会产生关联后果。读到这里，一些人不会喜欢这个决定。

那很好，这不是一个正确的答案，这仅仅是法院的一个决定。一家法院曾经支持了一项禁止跨种族通婚的法律，理由是没有人可以与不同种族的人结婚，所以这是很公平的！一家法院赞同成立专门关押日裔美国人的拘留营；另外一家法院裁定，日本人和印度人都没有资格成为美国公民。但公民们不必将这些决定视为最终的答案。换句话说，在读完布莱恩案件的判决结果后，你可能会深陷紧张之中，这是一种有益的紧张感。为我们的学生提供批判性思维工具来质疑世界应该是什么样的，比为他们提供工具来分析世界的现状要强大得多。

正因为这样的案例，多角度分析成了律师式思维方法的基础。当我们并不一定关心某个人时，站在他的立场进行辩护是一种挑战。当我们对某人感到非常同情，并且根本不想追究其责任时，分析我们为什么要追究其责任也是一种挑战。但这些都是很好的挑战——以颇具成效的斗争为基础的挑战，迫使我们不仅要进行深入分析，还要改变我们对此类问题的思考习惯。

第 7 章

多角度分析的力量

在第 6 章中，我用了将近 3000 个词来分析仅有小学二年级难度的 4 行文字。多角度的律师式思维分析策略之所以如此强大，原因有三：

- 多角度分析能激发学生的主观能动性；
- 在社交情感学习（SEL）[①]比任何以往都更为重要的现在，它提供了一种建立共情的实用工具；
- 最重要的是，多角度分析是跨年级、跨学科的律师式批判性思维模式的基础。

---

① 是由美国“学术、社会和情感学习联合会”组织提出的结合正面管教理论、阿德勒心理学、发展心理学和儿童教育学的系统社会情感学习课程。——译者注

本章将对这个强大策略的运作方式进行更为深层的分析。

主观能动性

当你想象在教室里组织像“椅子案”这样的讨论活动时，你也许能感受到一种能量。在这样的学习时刻，没有学生大喊：“这个案件考不考？”也没有人问：“我们会因此评分吗？”学生对案件的分析产生了不同程度的理解，这种理解超越了参与本身。“学生参与”这个短语使用得太过于频繁，以至于老师们有时会忘记参与的学生不一定真的在学习。但是，当这种参与被有目的地设计为为了激发学生的主观能动性时，学生参与就成了构建深入学习愿望的关键因素。

主观能动性是什么样的？在学习“椅子案”时，学生的参与不是为了得到金色的星星和正确答案等高分评价，而是为了获得更深刻的体验。一个五岁孩子的未来危在旦夕！这种内在驱动力，通常与正义、公平、冲突、戏剧、调查和竞争的心理有关。

学生们建立的这种联系是具有意义的自主学习体验的一部分，

它具有一种强大的力量。为了达到这一点，学生们必须感到有能力成功地实现学习目标。在“椅子案”中，学习者不必非得从法学院学成归来后才有能力去分析。拥有了这种信心，小组合作的学生们可以在彼此想法的基础上提出观点，推动彼此的创造力，并在别人妄图好为人师时一笑置之。

这让我想到一个很重要的概念——毅力。你如何判断下面这个说法的对错：“大部分学生其实真的没什么毅力，如果他们有毅力，就会比现在成功得多。”几年以前，我会毫不犹豫地同意这种说法，但在我有机会与全美各地教育体制内外的学生接触后，我很确信，那些教育者并不真正懂得什么是毅力。

我认识住在得克萨斯州和亚利桑那州边境社区的年轻人，因为他们每晚都要回墨西哥，所以他们每天要花两个半小时去上学。我认识为了上学，每一天都在危险的社区中穿行，并与家庭状况斗争的年轻人。我也认识很多年轻人，他们可以通宵达旦地解决极为复杂的问题，尽管这些问题往往来自最新的热门游戏。但是以上的这些例子都表明问题不在于学生缺乏毅力。在很多看得见或看不见的方面，我们的学生都比我们想象的更有毅力。作为教育者，我们面临的挑战是：如何为学生创造出更多锻炼毅力的机会。

建立共情

乍一看，一个起诉自己五岁外甥的姨妈是不对的，但是如果站在这位姨妈的角度看这件事，就会觉得她的情况看起来也确实挺糟糕——她要承担高额的医疗费用，还要与髋部骨折的痛苦做斗争。如果这位姨妈是你妈妈，你会做何感想呢？如果这位姨妈就是你自己呢？

为你不赞同的一方提出合理的论证虽然只是个简单的练习，但却是个强大的工具。有能力让自己站在他人的角度去体验冲突是同理心的本质。社交情感学习已经在教育工作者的任务清单上排上了号，这样我们也就不必在严谨学术内容和社交情感学习之间二选一了，多角度分析可以同时实现这两个目标。

律师式思维策略框架：DRAAW+C

这条裙子是什么颜色？是“燕妮”还是“劳瑞尔”[①]？Popeyes的鸡肉三明治还是Chik-fil-A[②]的？我们到处都可以看到一种病毒式的狂热，而这种狂热正是利用了大众决策方式的疯狂本质。当观看任何新闻节目或者浏览体育网站时，你都可以看到类似的画面——演讲者为证明己方观点除了喋喋不休外几乎什么都不做。幸运的是，从多角度分析的律师式思维模型创建了一个具体的框架，以实现更加深思熟虑的推理过程。

跨年级和跨学科的批判性思维的通用框架（甚至是领导力、育儿和一般性决策的通用框架）看起来可能类似于图 7–1。在进行辩论时，学生应确保他们试图提出的任何主张都是有证据支持的，且该证据必须是有效的：可靠、值得信赖且是最新的。它也必须是相关的，也就是说这些证据必须能切实支持他们想要提出的观点。

---

① 在美国社交网络上，有人发布了一个关于“是 Yanny 还是 Laurel”的视频调查，看看人们从中听到的是“Yanny”还是“Laurel”的发音，结果听到两种发音的都大有人在。此事在社交网络引发了热烈的讨论。——译者注

② 为两家美国快餐连锁店。——译者注

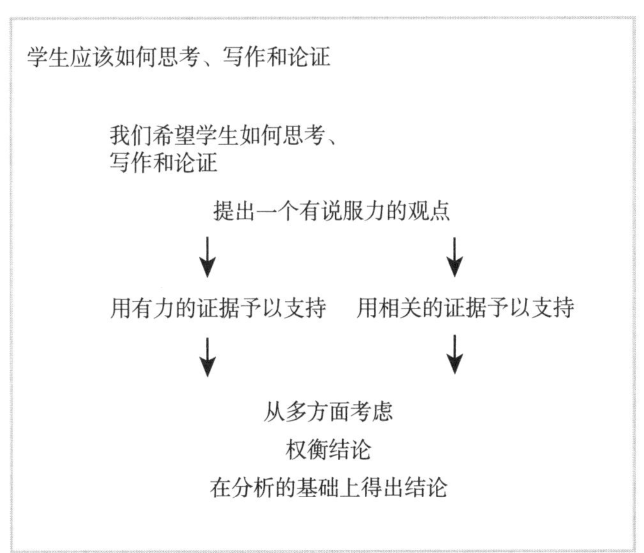

图 7–1　如何思考、写作和论证的框架

作为这个过程的一部分，学生应该多角度思考问题。为了引导自己的思想，他们将会扮演为相反观点提供论证的故意唱反调的人。然后他们应该确保自己考虑了这样的决定会带来什么样的后果。时常问自己“如果……世界会怎样？”可以帮助学生超越眼前的问题，看到潜在的影响。他们的决定会如何改变长期存在的规则或规范？在这种情况下，是不是做对的事情比得到正确的结果更为重要？

最后，学生应该从这个分析过程中自然而然得到一个结论。然而，事实上，他们却常常用另一种方式来得出结论。他们知道自己想得出什么结论，于是他们就想方设法地去得出这个结论。他们引用可疑的信息，即便知道这些信息可能是无效的，或者引用与相关论点无关的随机证据。除了那些支持他们论点的信息外，他们什么都没有。只有当结果不是他们想要的时，他们才会关心。

律师式思维策略借助“DRAAW+C”框架（见图 7–2）简化了分析过程。当学生遇到需要用批判性思维进行的决定或作业时，这种框架很容易被运用。从一个决定开始：谁应该获胜？什么是最好的行动方案？你会选哪个人？然后他们重申规则、法律、数学性质、语法规则、科学理论或其他有利于证明他们观点的逻辑基础。

DRAAW+C框架

Decision（决定）：谁应该赢

Rule/Law（规则/法律）：此案依据的规则或法律是什么

Arguments plaintiff will make（原告论证）：原告将使用的所有证据、事实和论据

Arguments defendant will make（被告论证）：被告将使用的所有证据、事实和论据

World（世界）：从宏观来看，为什么你的决定比其他可能的决定对世界更好

Conclusion（结论）：将决定作为结论

图 7–2　DRAAW+C 框架

当学生们解释自己认为在当今这个不断进步的时代中最有影响力的人物是谁时，他们可能会这样说："要成为进步时代最有影响力的人物，他必须直接影响 1890 年至 1920 年间美国发生的最大变化。"如果学生正在学习西方艺术史课程并对图片来自哪个艺术时期进行分类，那他们可能会认为某件作品属于新古典主义风格[①]，并使用这样的规则来说明："在新古典主义艺术中，被描绘的对象看起来都带有非常清晰锐利的轮廓。"

然后学生们开始论证。他们想要提供强有力的论据和抗辩，但许多问题并不是非黑即白那么简单。正如第 10 章所讨论的那样，学生可能需要分析三个或更多相互竞争的论点。此外，作为教师，你可以灵活地提出任务要求。如果你在教小学，你可能希望学生简单地为支持论点写一句话，再为反驳这个论点写一句话。到了中学，你就可以要求学生写一段话来从多角度支持和反驳一个论点。DRAAW+C 框架中的 W（世界）部分可以将一个好的论证转化为一个强有力的论证。以下专栏中的 DRAAW+C 示例来自一个三年

---

① 新古典主义兴起于 18 世纪的欧洲，在古典美学规范下，采用现代先进的工艺技术和新材质，重新诠释传统文化的精神内涵，具有端庄、雅致和明显的时代特征。——译者注

级小学生。当他提出自己的论点和抗辩时，他已经开始掌握律师式思维策略了：“姨妈会争辩说布莱恩是故意把椅子移开的，而且他知道她会跌倒。但布莱恩会说他只有五岁，他不知道她会受伤。”而且该学生将这种分析提升到了另一个更高的层次，他指出本案中不利于布莱恩的判决将会在未来类似的案件中对公共政策产生负面影响：“如果这位姨妈赢了案子，其他孩子就会开始被起诉，然而孩子们没有钱赔偿或请律师！”

一个三年级小学生的 DRAAW+C 框架

Decision（决定）：姨妈会败诉。

Rule/Law（规则 / 法律）：要构成人身侵权，布莱恩的行为必须为故意、有害，且造成侵害后果，并包含与被侵害者的接触。

Arguments plaintiff will make（原告论证）：姨妈会说布莱恩是故意把椅子移走的，他知道移走椅子会让她摔倒。

Arguments defendant will make（被告论证）：布莱恩会说自己只是个五岁的孩子，他并不知道移走椅子会伤害姨妈，他只是觉得好玩才那么做的。

World（世界）：如果姨妈赢了，其他孩子也会开始因类似的事情遭到起诉，而他们没有钱赔偿或请律师。

Conclusion（结论）：所以，姨妈会败诉。

W（世界）部分的推理听起来可能很熟悉，因为它是最常见的推理方式之一：一旦开了先例便会使类似的情况一发不可收拾。举一个可能的例子："如果你让一个女人因为咖啡太烫而赢得诉讼，它就会导致各种类似的疯狂案件层出不穷。接下来，有人可能会起诉一个熨斗制造商，因为他熨身上穿着的衣服时被熨斗烫伤了！"此种推理方法与"滑坡论证"[①]类似："如果将医用大麻合法化，将会产生滑坡效应和连锁反应，最终导致所有毒品完全合法化。"尽管滑坡论证法的使用一旦走向极端就可能造成逻辑谬误，但它的主要作用是帮助分析者超越手头的问题去分析决策的先例价值。一个有效的W（世界）的关键组成部分可以清楚地解释为什么世界会因为一个决定而变得更好（或更坏）。

① 是指某些行为就如同在滑坡上的第一步，虽然它们本身是合理的，可是它们将不可避免地导致一系列有着糟糕后果的行为。——译者注

最后，与任何可靠的结论一样，本章结论部分虽未提出新观点，但是对关键论点进行了重申。表 7–1 展示了 DRAAW+C 框架的评分标准。

表 7–1 DRAAW+C 评分标准

	3 分	2 分	1 分
Decision 决定	清楚地说明谁应该赢得此案	陈述的是一个模糊的声明，没有明确指出谁应该是赢家	没有主张谁应该赢得此案
Rule/Law 规则 / 法律	清楚地解释适用于案件的规则或法律，必要时预测或综合法律规则	确定应适用于案件的规则或法律，但没有明确解释该规则或法律是什么	未确定应适用于案例的规则
Arguments for the Plaintiff 原告的论据	清楚地说明原告应该使用的最有说服力的证据、事实和论点	说明原告证据、事实和论点，但不包括所有最相关的证据、事实和论点	省略了原告的所有或几乎所有的证据、事实和论据
Arguments for the Defendant 被告的论据	清楚地说明被告应该使用的最有说服力的证据、事实和论点	说明被告的证据、事实和论据，但不包括所有最相关的证据、事实和论据	省略了被告所有或几乎所有的证据、事实和论据
World 世界	清楚地解释了为什么如果做出此决定，公共政策（世界）会变得更好	涉及公共政策，但没有明确解释为什么如果达成这样的结果，世界会变得更好	省略了所有或几乎所有的针对公共政策的论点
Conclusion 结论	清楚地陈述了一个概括了关键论点的结论，也未提出前几节未讨论的新观点	结论没有概括关键论点或在结论中引入了前几节未提出的新观点	省略了结论

多角度分析案例：谁应该赢

任何一个旨在培养学生多角度分析问题的学习体验都要设置“谁应该赢”的环节。以下是操作该策略的步骤。

- **选择题干**：是谁，要干什么。
- **选择你想要进行排名的类型**：最佳 / 最差，最具影响力 / 最不重要，被高估 / 被低估，最阴暗，最烦人，最快的解决方法 / 最慢的解决方法，最简单的解决方法 / 最难的解决方法，最可靠 / 最不可靠。
- **选择你想要排名的东西**：角色、历史人物、科学程序、句子、论文、艺术家、音乐家。
- **探寻理由**：为什么（学生应使用 DRAAW+C 框架进行此分析）？

例子：

D：金发姑娘是有史以来最阴暗的童话人物。

R：如果一个人不诚实甚至违法，那么他就是阴暗的。

A：在《金发姑娘与三只小熊》（*Goldilocks and the Three*

Bears）的故事中，金发姑娘不仅犯了非法侵入住宅罪，还在很多方面侵犯了小熊的空间：她坐在它们的椅子上，把椅子弄坏了；她把自己携带的病菌带到了别人的粥里，还擅自决定把小熊的粥全吃光；然后她竟然还敢钻进所有小熊的床里——又一次把病菌带给了小熊。

A：金发姑娘可能会争辩说，她只是一个在森林中寻找住所和食物的迷路、饥饿的女孩。她可能会利用这种天真将最阴暗的童话人物的称号推到大灰狼身上，因为大灰狼对小红帽和三只小猪的生活都造成了严重的破坏。

W：如果金发姑娘这样的人能够以迷路为借口来逃脱洗劫他人住处的恶名，那将鼓励走失的孩子闯入别人家中而不是先寻求帮助，从而使这些孩子处于危险之中。

C：因此，由于金发姑娘行为的厚颜无耻，以及这样的行为对儿童安全的有害影响，金发姑娘是有史以来最阴暗的童话人物。

跨学科示例：

- **数学**：求解方程组的最佳方法是什么？
- **英语语言艺术**：将这部小说的主要人物从最差到最好排名，并解释你的排名。
- **社会研究**：谁是最有影响力的非裔美国发明家，为什么？
- **科学**：你可以用哪个最有力的论据让那些认为“地球是平的”的老顽固相信地球是圆的？

第 8 章

错误分析

完美主义拖延症是一个非常现实的问题。在我与全美各地不同学校的合作中，我曾要求教师收集学生对一项调查问卷的回应，该问卷旨在衡量批判性思维倾向的律师式思维方式。根据数千名学生的回答，对于“当他们不确定答案是否正确时，并不喜欢在课堂上分享自己的答案”的说法（见图 8–1），有 68% 的人至少“有部分同意”。完美主义对天资聪颖及成绩优异的学生带来的挑战尤其严峻，这种对犯错误的恐惧会对他们产生强烈的影响。

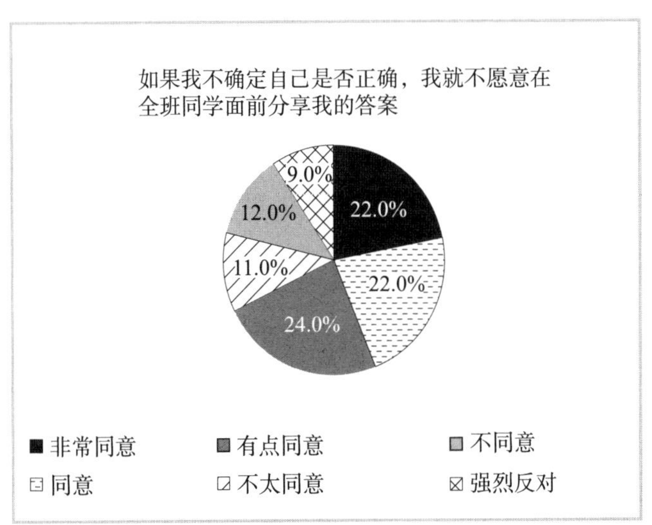

图 8–1　针对律师式思维策略 2017—2018 年学生调查问卷结果

我最近遇到了一位女士，她在一所大学的工程学院担任学生顾问。她的学校在所有工程学院排名中名列前 75 名，她让我知道了一个惊人的秘密：一个与该大学关系密切的雇主委员会明确要求她和她的团队“停止派遣 4.0 学生[①]”。这些雇主抱怨说，在一个从根本上就注定要常常遭遇失败的行业中，这些学术成就卓著的人并无能力应对。相反，雇主要求学生能够克服不完美，应对困难，并理解错误是学习的机会。

① 4.0 学生指成绩优异、达到 4.0 绩点的学生。——译者注

错误是律师世界的本质。理解错误、减轻错误和认为一方的错误不如另一方的错误严重，这些都是日常法律实践经验的一部分。

高尔夫球杆

以下这个示例可以说明错误分析在现实法律案件中的表现。请思考 1955 年的这个案例——卢比茨诉威尔斯案。

> 11 岁的詹姆斯和 9 岁的朱迪思·卢比茨在詹姆斯家的后院打球时，看到了他父亲威尔斯先生丢在外面的高尔夫球杆。詹姆斯拿起高尔夫球杆朝地上的一块岩石挥去，结果却击中并打碎了朱迪思的下巴。最后，朱迪思起诉了詹姆斯的父亲威尔斯先生。

这里需要探讨的两个问题是：

- 该案中，我们需要关注什么错误？
- 关于这个错误，我们需要了解的最重要的问题是什么？

乍一看，我们最应当关心的错误似乎是詹姆斯打中了朱迪思的下巴。毕竟这是造成损害结果的原因。然而，朱迪思起诉的却是威尔斯先生，而不是他的儿子。因此，我们真正应当关心并分析的错误是威尔斯先生将高尔夫球杆留在屋外后院的行为。

第二个问题很棘手。了解威尔斯先生为何将高尔夫球杆留在屋外后院，会对这个案件的分析产生些许帮助。但是，无论是出于何种考虑或由于缺乏考虑，而让他决定将高尔夫球杆留在后院，都可能不如他一开始就把球杆留在了外面这一事实重要。

当我们考虑这种伤害时，尽管它确实很悲惨，我们可能会开始思考造成损害的物体本身。造成伤害的是一根高尔夫球杆，而不是一把枪或一把武士剑。那么，高尔夫球杆和武士剑有什么区别？剑本来就是一种危险的武器，而高尔夫球杆不是。因此，我们要问的最重要的问题可能是："高尔夫球杆是不是一个具有内在危险性的物品？"或者，如果我们是朱迪思的律师，我们可能会问，高尔夫球杆在像詹姆斯这样一个 11 岁的孩子手中是不是一个具有内在危险性的物品？在以上任何一种情况下，关注这个错误都是一种与大多数学生的思考习惯截然不同的分析方式。这就是错误分析作为律师式思维策略如此强大的原因。

你可以使用两种特定的律师式思维策略来将错误转化为练习批判性思维的机会：

- 哪个错误更正确？
- 乔·施莫（Joe Schmo）会怎么做？（这是我在课堂上创造的一个虚构人物。乔总是会落入错误答案的陷阱里，不仔细阅读题目说明，没有完成问题中的所有步骤。）

哪个错误更正确

解这个方程：2x+8=20

这是一个基本的、基于技能的问题，它可以评估出学生是否已经掌握了求解两步方程的常规步骤。如果你想在课堂上提高这个问题的严谨性，你可能会问这样的问题：

科林试图解决这个问题，他做错了什么？

2x+8=20

2x=10

x=5

如果你想使用错误分析来作为应用 DRAAW+C 批判性思维框架的方式，请让学生寻找至少两个错误答案，并询问哪个更“正确”。就图 8–2 中的数学问题示例而言，可以将整个教室里的同学分为两组，每组代表图 8–2 中的一侧。其中一组将作为左侧的律师，另一组将作为右侧的律师。解决这个问题的策略由两部分组成。一是，学生需要对自己一方的错误做出最无辜的解释。二是，他们还需要用最愚蠢的解释来说明对方的错误。

哪一个更正确	
2x+8=20	2x+8=20
2x=10	2x=12
x=5	x=10

图 8–2　错误分析作为一种批判性思维策略

代表左侧的学生可能会说其所犯错误只是一个微小的减法错误。“20－8”应该等于 12，但 10 已经足够接近了。此外，x=5 距离 x=6 这个正确答案只差 1。如果我们从后往前检查运算过程，将 x=5 代入方程 2x=10 可以得出正确答案。另一方面，右侧的求解者虽正确执行了第一步，但不明白两步方程有两个不同的步骤，其显然不明白 2x 是一个乘法表达式，需要用除法进行逆运算。

然而，右侧并非毫无防备。代表右侧的学生可以推翻左侧的说法，即他们的求解者“只是犯了一个微小的减法错误”的说法。这不仅仅是一个普通的减法错误，这是解决问题的第一步中所犯的错误，如果一个人在问题的第一步就已经搞砸了，那他们就没有希望了！此外，这甚至可能不是一个简单的减法错误。相反，求解者可能犯了一个令人震惊的错误，即组合 2x 和 8 得到 10，然后将 2x 直接写到问题的下一步。如果为右侧辩护的学生想要真正有创意，他们可能会争辩说他们解题步骤的每一行实际上都是正确的。等式两边同时减去 8 得到等式 2x=12。然后，x=10 也是正确的（至少，罗马数字 X 就是 10 的意思）。

停下来想一想学生们用于进行此分析的认知技能是什么。他们不再问“是什么”和“怎么做”。他们现在处于“为什么”和“如果……”的 W（世界）阶段中。他们开始超越反思自己思维过程的元认知[①]。他们开始分析其他人假设的思维模式，并相互评估这些模式。

---

① 即对认知的认知，对自己的感知、记忆、思维等认知活动本身的再感知、再记忆、再思维。由美国心理学家 J. H. 弗拉维尔（J. H. Flavell）提出。——译者注

将错误分析作为DRAAW+C框架的一部分，学生可能会产生以下反应。

D：左侧更对。

R：要求解一个两步方程，你必须运用正确的逆运算来消除所有常数和系数，直到最后只剩下一侧的变量和另一侧的值。

A：左边在第一步的减法运算中犯了一个微小的计算错误，但在那一步之后正确地完成了问题。而且，他们的最终答案也更接近实际的正确答案。

A：右边在第一步的减法运算中计算正确，但在第二步需要进行除法运算时错误地进行了减法运算。但是这两个减法运算都做对了。

W：如果右边比左边得到更多的分数，我们将生活在一个计算精度比概念理解更重要的世界。当你该进行除法运算的时候，谁会在乎你减法算对了呢？如果你经营一家银行，你做减法运算时犯的计算错误比你应该做除法运算却做了减法运算并算对时所犯的错误要小得多。

C：因此，在这个问题上左边更对。

在这里用的错误分析是一种利用戏剧性和冲突的有效方法，它常可以激发学生的主观能动性。此外，这为有意义的数学写作创造了真正的机会。通常，数学写作仅限于对如何解决问题进行解释。将 DRAAW+C 框架与错误分析法相结合，会创造一种更为周到、更有条理的写作形式，且这种具有说服力的写作形式可应用于所有学科领域。

乔·施莫会做什么

另一种在融入批判性思维的同时改变对错误的态度和心态的方式是关注乔·施莫。我们都认识乔·施莫，我可以证明这一点。

假设我正在看一件标价 20 美元的 T 恤，并注意到今天它打折 10%。这件衬衫的最终价格是多少？与其求解最终价格，不如想象我们正在参加《家庭问答》（*Family Feud*）这个综艺节目，我们调查了 100 位乔·施莫，以找出一件售价 20 美元且折扣率为 10% 的衬衫的最终价格。乔·施莫们会给出一个什么样的答案？如果你能正确引导你内在的乔·施莫，那么你将会得出答案为10的结论。乔·施莫最有可能看到20美元，再看到10%，而忽略了百分比符号，然后从20中减去10。如果这是一道多项选择题，你可以下个大赌注在“10”这个可能的价格上。

让我们更进一步探讨。《家庭问答》屏幕上还有可能会出现哪两个乔·施莫给出的答案呢？这件衬衫售价20美元，折扣10%，乔·施莫可能对百分比有所了解，因此或许会认为衬衣的售价为2美元，他用10%乘20美元，然后认为2就是答案。他查看题目给出的选项，发现2是选项之一，所以，他完成了！他也可能会犯一个不同的错误，这个错误是他认为必须从20美元中扣除10%。因此，他将10%变成0.1，再从20美元中减去0.1，最后得到19.9美元作为他的答案。

标准化考试很难给学生带来成长，但教育工作者不必将这些练习视为让课堂失去生机的刻板习题。我们可以让学生为严格的测试做好准备，同时创造一些既严格又引人入胜的批判性思维活动。想一想如何利用乔·施莫策略让学生针对问题创建自己的多项选择题。

乔·施莫在这里能提供非常大的帮助。很多时候，如果让学生为前面那样的问题准备自己的多项选择题答案，我们会得到非常荒谬的回答。学生会把正确的答案——18 美元作为一个选项，其他三个选项分别是“4000 万美元”“－750 000 美元”和“彩虹”。当我们要求他们将选项限定在乔·施莫可能想出的范围内时，就是要求他们做出合理的预测和推理。我们在帮助他们养成换位思考的习惯，从而让他们变得更有同理心。实际上，我们正在创造一个新的世界，在那个世界里，学生们会发自内心期待考试准备季的到来。我将在第 15 章中更详细地讨论用批判性思维破解标准化考试的策略。

错误分析示例

“哪个错误更正确？”是一种灵活的方法，通过允许思考者评估两个或多个不正确的解决方案的相对“正确性”，从而将批判性思维注入问题解决的过程中。

数学

创建一个以两种不同的错误方式回答同一问题的示例。一个常见的技巧是基于计算错误设置一个错误答案，基于概念误解设置另一个错误答案。问题设置好后，你可以将全班同学分成两组，每组学生“代表”一个不正确的解决方案。通过使用这一差异化教学策略，你可以将更具挑战性的错误答案分配给更具天资、才华横溢和成绩更好的学生。你还可以根据学生的能力提供不同级别的解释细节，通过让学生预测导致错误答案的错误步骤来提高学生的严谨性。当你要求学生解释他们的答案时，鼓励他们不仅要找到对自己一方的错误最合理的解释，还要找到对对方错误最糟糕的解释。

以下是一个示例问题，这个问题有两个可能的答案。表 8–1 是双方的解释和理由。

> 苏拉有 8 个苹果。她的母亲从一个苹果园里带回了 48 个苹果，并把它们全都给了苏拉。苏拉现在有多少个苹果？
>
> A 的答案：苏拉有 128 个苹果。
>
> B 的答案：苏拉有 40 个苹果。

这两个答案都是错误的。哪个更对？并给出解释。

表 8–1　关于“哪个错误更正确”的详细示例

	A	B
较少细节	苏拉有 128 个苹果	苏拉有 40 个苹果
更多细节	48 +8 128	48 − 8 40
错误说明	A 选择了正确的运算方式，但没有将数字对齐在正确的位置 A 的最终答案离正确答案更远	B 没有选择正确的运算方式 B 计算准确，并将 8 对齐在了正确位置
为什么你方更正确	A 认识到如果苏拉的妈妈给了她苹果，她就应该有更多的苹果。B 的结论是苏拉的苹果比她开始时还要少，这在逻辑上更说不通	B 犯了一个小小的阅读理解错误。B 以为题目说的是苏拉开始有 8 个苹果，后来有 48 个苹果（也就是说，题目问的是苏拉得到了多少个苹果）。虽然 B 理解错了题目的含义，但是他的计算过程是完美的。然而 A 缺乏基本的简单的加法运算知识。A 就算是数手指头最后都能得到更加准确的答案

英语语言艺术

使用与上述数学示例类似的技巧，但根据语法、论文组织结构、主谓一致等方面来设计错误答案。

科学

分析带有偏见或程序有缺陷的实验过程，这些程序可能会导致数据不可靠，并让学生分析哪个实验的结果最“正确”。

社会科学

学生可以分析关于同一问题的两种不同的宣传，这些宣传既夸大事实又经过精心筛选。他们可以选择捍卫最“准确”的一方。在任何情况下，关键做法都是提前分组并仔细考虑每个示例的详细程度，使之成为差异化教学策略。

第9章

调查与发现

公众眼中的诉讼律师往往不同于他们实际的模样。无论是刑事律师还是民事律师，我们在电视和电影中看到的他们总是不断在法庭上争论、询问证人席上的证人，以及发表着充满诗情画意的开场陈述和结案陈词。但实际上，绝大多数刑事和民事案件的功夫都花在了调查与发现环节。

作为教育工作者，如果我们只会提出好问题，不足以培养出具备批判性思维技能和特质的学生，我们还要确保学生们可以自己提出很好的问题。我们希望他们出于本能进行研究，在头脑中创建合理的声音，并提出以下类似问题：

- 我从哪里开始？

- 我已经知道什么了？
- 我接下来怎么办？
- 我怎么知道这是真的？
- 我为什么要相信你？
- 这里到底发生了什么？
- 我还需要知道什么？

让我们使用 1994 年的案例“黎贝克诉麦当劳餐厅”来展示这个过程。

烫手的咖啡

克里斯开车带着他 79 岁的祖母斯特拉去麦当劳买咖啡。他们支付完 49 美分后，克里斯把车子往前开，再驶到路边停好车（完全停下来），以便让他的祖母往咖啡里加奶精和糖。当斯特拉试图打开盖子时，咖啡洒了一身，导致她Ⅲ度烫伤。随后，斯特拉起诉了麦当劳。

在我们对这个案例进行分析之前先暂停一下。让我们回到斯特拉将咖啡洒到身上的那个时刻，并详细解释在这次意外发生后的 30 分钟内发生了什么。她可能去医院看了医生，但紧接着发生了什么？让我们共同来描绘一下这个场景：克里斯和斯特拉通过免下车通道去拿咖啡。克里斯靠边停好车，这样斯特拉就可以往她的杯子里加奶精和糖，但咖啡洒了。下一步她会做什么？如果你认为她会尖叫，那大概是对的。Ⅲ度烫伤通常很严重，甚至可以将皮肤烫得露出骨头。当她坐在车里，滚烫的热咖啡洒得到处都是，她会只尖叫吗？不，她可能会跳下车，发狂似的摇摆想要抖落身上的咖啡。而在这个过程中，她的周围会发生什么？没错，她当时在停车的地方，所以她的周围可能还有其他人。如果这种事发生在今天，毫无疑问有人会拿出智能手机拍下这一场景并发布在社交媒体上。“哦，我要通过这段视频走红了！”但是在 20 世纪 90 年代初期没有智能手机，也许旁观者会更快地尝试帮助斯特拉。

旁观者可能会提供怎样的帮助？也许有人会提供餐巾纸，也许有人会跑进麦当劳通知经理以获得急救，也许有人会拨打 911。这个电话是怎么打的？在 20 世纪 90 年代初，人们可能会拥有一部老式的巨型手机，或者一部不靠谱的且易产生静电的车载电话。但是这个电话更有可能是使用麦当劳的座机拨打的。克里斯会在这里等救护车吗？这也许取决于那里离医院有多远。假设克里斯开车送他的祖母去医院，然后会发生什么？他们会不会给这位 79 岁的老妇人一沓文件并说“请坐在这里等待 3 个小时”呢？可能不会。甚至在医生到达前就可能已经有人紧急处理了斯特拉的伤口了。

按下“暂停键”是个高效的方法。想一想对事发后 30 分钟内会发生的事情进行头脑风暴需要用到什么样的认知技能。我们正在做一些预测和推论，依据背景信息来预测将来可能发生的、复杂且详细的时间线。这与律师第一次接触到案件时进行的头脑风暴没有什么不同。他们所知道的仅仅是客户对所发生事件的细节描述，或者警方报告中的信息。按下“暂停键”和开展头脑风暴有助于培养批判性思维倾向，这种思维倾向让学生在阅读一段文字时在脑海中对自己说：“哦，哦。请不要进入那个洞穴。那个洞穴里不会发生什么好事。”然后，在读完几页后，他们又会说：“看！我告诉过你不要进入那个洞穴。”

按下“暂停键”后，我们现在可以更好地思考麦当劳案的调查。在民事诉讼中，信息披露期让每一方都有机会创建和交换证人名单，要求当事人提供证据，并初步向对方提出一系列问题。证人不限于目击者。事实上，在类似这样的案件中，实际发生了什么并没有太多争议（斯特拉把咖啡洒在自己身上，咖啡烫伤了她），我们可能不需要大量的目击者。相反，我们更需要找到证人来证明斯特拉所遭受的极度痛苦源于麦当劳疏忽大意的做法、政策和程序。而麦当劳则希望找到证人来证明公司内部所做的一切都没有错，最好他们还可以证明如果一定要有过错方的话，那一定是斯特拉。

在确定证人名单时，应该考虑：

- 该证人的证词将如何影响案件？
- 该证人为什么可能会产生偏见？

有些证人可能没有那么强烈的偏见，但事实上每个证人都会带有某种偏见。从寻找证人开始，让我们忽略最明显的那几个。很显然，斯特拉、克里斯、治疗斯特拉的医生、麦当劳的员工，以及其他可能在停车地点或餐厅目睹了事情经过的顾客都可以是证人。若是深入挖掘，如果你是斯特拉，你会想召集哪些证人来证明麦当劳的疏忽大意造成了本次事件？为了证明麦当劳的疏忽大意，我们可能需要证明咖啡太烫了，而且麦当劳的做法是不安全的。

为了证明上述内容，我们可以请教专门研究咖啡温度的专家证人。但专家可能过于技术化，因此陪审团可能不明白他们在说什么。有没有更接地气的人可以帮助我们？生产咖啡机的公司员工怎么样？了解使用和维护机器的正确方法，并将正确的程序与麦当劳使用的程序进行比较，将非常有帮助。这同样适用于制作杯子和盖子的公司。与领着最低工资、负责倒咖啡和端咖啡的员工交谈，可能不如与在汉堡大学教授咖啡制作课程的人交谈重要，毕竟麦当劳的经理就是那里培训出来的。

为了显示受伤的程度，我们当然想与治疗斯特拉烫伤的医生交谈。但是，通过斯特拉的初级保健医生了解她烫伤之前的情况或许更有效。比如斯特拉在此之前是否参加过马拉松比赛，以及她的手是否患有关节炎或其他疾病，例如帕金森病，这可以帮助我们了解可能导致咖啡泼出来的原因。

我们可能需要多一点创意。我们可能想与麦当劳的其他咖啡消费者交谈，尤其是与斯特拉年龄相仿的顾客。我们当然也会想去论证一些“邪恶的”推断，比如，要是麦当劳厌倦了给老年人打折会怎么做？我们不应该止步于麦当劳，还应该与汉堡王、温迪、星巴克甚至当地餐馆的代表交谈，了解他们的咖啡一般是多热。

这些证人将有助于引导我们找到需要收集的证据。我们绝对需要看看斯特拉被烫伤的照片、克里斯车上咖啡的洒溅形态甚至是斯特拉那天穿的衣服。她穿的衣服是否比其他的面料更好地吸收咖啡？斯特拉穿了迷你裙吗？当时汽车是完全停下的，但也许我们需要更仔细地分析，以确定是否有导致乘客座椅意外滑动的因素。我们可能希望麦当劳提供一份其他被咖啡烫伤的人的名单，并了解麦当劳如何解决这些案件。

如果我们代表麦当劳，我们可能想从其他竞争对手那里收集类似的信息。我们还想知道斯特拉是否有任何性格问题可能使她的主张受到质疑。如果斯特拉每个月都轻率地提起新诉讼，这些信息将帮助我们勾画出她的负面形象。

一旦我们确定了证人名单和物证清单，提出问题就变得容易多了。从你听到这个案子开始，你的脑子里可能有一百万个问题。这咖啡到底有多烫？斯特拉有什么容易导致这种烫伤的皮肤问题吗？你可能还可以针对每一位证人以及你确定的每一项证据添加另外五到七个问题。表 9–1 是用于记录有关证人、证据和问题的信息模板。

表 9–1　　空白调查表

证人	证据	问题

有趣的是，当甲方律师向乙方律师发送与这些发现相关的请求文档时，往往很少收到他真正需要的内容。相反，乙方律师会根据举证请求书、实物证据和询问证人提供大量信息，这往往会导致请求方律师产生更多的疑问。在“烫手的咖啡”案例中，我通过限制在这一步透露的信息量来模拟这种常见做法。以下是我在这一步揭示的信息：

- 斯特拉收到的咖啡温度在 180℉ ~ 190℉ [①] 之间。在这个温度区间，咖啡会在接触皮肤的几秒钟内导致Ⅲ度烫伤。
- 这家麦当劳的咖啡的温度比其他餐厅的要高 20℉左右，比

① “℉”是华氏度的温度计量符号，180℉ ~ 190℉即 82.2℃ ~ 87.7℃。——译者注

在家冲的咖啡的温度要高 30℉度左右。

- 在斯特拉事故发生之前的过去 10 年里，麦当劳收到了大约 700 起关于咖啡温度的投诉。这些投诉就恰好包含了因咖啡溢出而致使顾客Ⅲ度烫伤。
- 咖啡导致斯特拉全身超过 16% 的部位遭受Ⅲ度烫伤，包括大腿内侧和生殖器官。她住院 8 天，需要进行皮肤移植（从身体的一个部位取出皮肤移植到另一部位），花了 2 年时间康复，并且永久毁容。斯特拉受伤后瘦了 20 多磅[①]，她的体重下降到了 83 磅。

查看了以上关于温度的前两点信息，你还有什么其他问题？你可能会想问“为什么”。为什么麦当劳会冲泡如此高温的咖啡，以至于会立即引起烫伤？为什么它们的咖啡的温度要比其他餐厅的咖啡高得多？如果我们是麦当劳的律师，也许我们想知道咖啡做得这么烫是不是有什么正当理由。也许有一个正当且与客户服务相关的原因。如果这件事发生在二月份的芝加哥，那么麦当劳希望免下车通道提供的咖啡比平时的热是有道理的，因为在员工将手臂伸出窗

① 1 磅≈0.454 千克——译者注

口递出咖啡的那一刻，咖啡已经暴露在非常寒冷的空气中。

在过去的十几年中，700 人进行了类似的Ⅲ度烫伤投诉，这一事实可能会引发另一组问题，麦当劳对这些投诉做何回应（如果有的话）。我们想知道这些投诉分别在哪里发生，在地理上呈什么特点。这些烫伤全部发生在一家麦当劳餐厅、一小部分餐厅还是发生在全美各地的麦当劳餐厅？我们还想调查这些烫伤的时间线。如果前 8 年几乎没有投诉，而近两年却出现了投诉激增的现象，那就需要特别注意了。最后，很重要的一点是，分母有多大是不是也应该予以考虑呢？ 700 听起来可能是一个很大的数字，但如果与麦当劳在过去 10 年中供应了 700 万亿杯咖啡相比呢？

了解斯特拉受伤的程度后，你有什么问题？住院 8 天，康复 2 年，16% 身体皮肤Ⅲ度烫伤，并需要皮肤移植，这些听起来都比你想象的普通咖啡洒漏更糟糕。你可能首先要弄清楚这起事件的哪些细节导致了她如此严重的伤势。其他被Ⅲ度烫伤的 700 个人是不是也被伤得那么严重？你可能想要问我第一次了解到这个案子时问自己的问题：为什么我会不自觉地认为斯特拉的案子很无聊？若她的案子被驳回，我下意识的反应是很难过，也许你也有同感。反思你对这个案例的直觉反应和事实开始被揭露后的反应之间的差异，有助于你进一步培养健康的质疑态度，这对于批判性思维个性的形成非常重要。

现在，我们来到了发现阶段的最后一轮，我们即将收到有关此案的一系列全新事实。以下是我们在最后一轮发现后所知道的。

- 麦当劳每年售出数百万杯咖啡，不认为 10 年内 700 起投诉是一个很大的数字。
- 麦当劳咖啡如此热的原因之一是麦当劳意识到，在极高的温度下，员工可以使用较少量的咖啡豆冲泡出相同浓度的咖啡。
- 斯特拉最初只是要求 20 000 美元来支付她的医疗费用。然而，作为一家价值数十亿美元的全球公司，麦当劳却只愿补偿她 800 美元。

在实际审判结束时，陪审团对麦当劳的行为感到非常难堪，因此判给斯特拉 200 000 美元的伤害赔偿金，不过法官在认定斯特拉对自己被烫伤的事实负有 20% 的责任后将这一赔偿金减少了 40 000 美元。陪审团还判决麦当劳向斯特拉支付 270 万美元惩罚性损害赔偿，用以威慑麦当劳和其他餐厅，以免它们继续做出为了利润而不顾消费者安全的不当行为。主审法官后来将斯特拉的总赔偿减少到 640 000 美元。不过，那时亲商游说团体已经通过对此案的嘲讽影响了公众情绪。由于公众不会忽视他们下意识的评估，所以此案导致了美国民事诉讼制度改革，使人们更难提出合法索赔。

调查与发现的律师式思维作为一种教学策略具有巨大的影响。想象一下，如果我没有像在这个过程中那样缓慢地揭示这些事实，而是决定不披露它们，那么你可能不会太高兴，因为你已经建立了预期并想知道接下来会发生什么。我本可以简单地让你阅读关于麦当劳热咖啡诉讼的三段话，然后回答五个相关问题，但我故意制造了一种更强烈的神秘气氛。这种策略模拟了电视节目的氛围。你偶然看到了众多侦探节目之一中的某一集的前两分钟，当慢跑者在灌木丛中发现尸体的那一刻，意味着你生命中的下一个 58 分钟会用在看完这集电视剧上。

调查和发现示例

以下是将这种策略融入课堂的一些实用想法。

英语语言艺术

- 阅读时按下“暂停键”，让学生对接下来可能发生的事情进行预测和推断。这种策略在作者使用伏笔时特别有效。
- 从最后一行或最后一页开始阅读一首诗或一本书，让学生根据结尾预测文章的开头和中间部分。
- 可以先让学生根据书中的插画写故事或讲故事，然后再让他们自己去阅读这本书或请别人为他们朗读这本书。

数学

对于任何可以通过模式和趋势来理解的数学词汇，例如函数、质数或平方根，可使用“发现”策略让学生预测词汇的定义。例如，你可以创建以下表格（每次只发一张，依次发给学生），然后附上相应的问题：

3	5	7
质数	质数	质数

质数的定义是什么？（学生可能会假设质数是奇数。）

9	11	13	15
合数	质数	质数	合数

质数的定义是什么？合数的定义是什么？（学生可能会注意到9和15都有1以外的因数，而11和13没有。）

4	6	8	10	12	14	17
合数	合数	合数	合数	合数	合数	质数

质数的定义是什么？合数的定义是什么？你有没有改变自己之前下的定义？为什么改变或者为什么没有改变？（学生可能会坚持他们的定义，但可能会添加一个细节，阐明偶数都是合数。）

0	1	2
既不是质数 也不是合数	既不是质数 也不是合数	质数

质数的定义是什么？合数的定义是什么？为什么0和1既不是质数也不是合数？你有没有改变自己之前下的定义？为什么改变或者为什么没有改变？（这个例子将迫使学生质疑他们最初的假设，即0和2是偶数但都不是合数。他们还必须弄清楚是什么使0和1既不是质数也不是合数。）

在整个过程中，学生一开始获得的顿悟时刻不断受到挑战，使得质数和合数的定义问题变得“更加棘手”。

社会研究

- 在研究战争时，使用不完整的时间线并要求学生预测战争前夕发生的冲突。
- 历史上充满了各类谈判，而且谈判各方并未掌握谈判的具体信息。例如，路易斯安那购地案[①]中，法国决定以惊人的低价将这片领土出售给美国。把这个事件变成一次调查与发现的练习，让学生自己去思考，法国为什么会同意这样的交易。学生可以确定他们想要谈话的潜在证人、他们想要分析的关键文件，以及他们想要问的重要问题。然后，像调查热咖啡案例一样，慢慢揭开导致这次出售的因素，包括海地革命[②]。

科学

- 学生可以分析任何现象，如化学反应、植物生长、地球变

---

① 指美国于 1803 年以大约每英亩 3 美分的超低价向法国购买超过 2 144 476 平方千米的路易斯安那属地的交易案，该交易的总价为 1500 万美元。——译者注

② 指 1791 年至 1804 年发生在海地的黑奴和黑白混血种族反对法国、西班牙殖民统治和奴隶制度的革命。最终革命成功，奴隶制度被废除，海地共和国成立。——译者注

暖等，预测造成这一现象的原因，并将此原因视为了解这些问题的线索。

- 不要通过记住的概念来对火成岩、变质岩和沉积岩进行分类，而是让学生分析不同类型的岩石并自行将它们分类。你可以要求他们寻找岩石的关键特征，例如晶体、玻璃表面、带状 / 条纹状岩层、气泡以及沙子或卵石。一旦他们开始对这些岩石进行分类，他们很可能已经确定了这三种不同类型的岩石的特性。

第 10 章

和解与谈判

想想你上一次告诉一个年轻人“你应该成为一名律师”时，是什么让你产生了这种想法？通常，我们会告诉那些喜欢争论并且总是说个不停的孩子，他们应该成为律师，但这个想法却大错特错。

在民法和刑法领域中，绝大多数案件根本就不会进入审判阶段。这些未进入审判阶段的案件会直接进入和解程序。因此，那些总是在其他学生的冲突中进行调停的学生才是我们应该鼓励去攻读法律学位的学生。那些学生通常展示出以下形象：一个总是在与自己无关的戏剧性事件中担任首席谈判员的女孩，或一个所有人在冲突时都会来找他求助的男孩——一个天生的调解员。这种调解的本质是学习如何避免“不愉快地不同意”。我们经常把能够找到与他人共同点之类的技能称为“软实力”，但这些却是实践教学里最难教的“硬骨头”。

以下是一个真实生活中发生的案例，能够帮助解释和解谈判的律师式思维策略是如何转化为批判性思维实用模式的。

吠犬

凯伦和约翰住在俄勒冈州，养了几条狗、几只鸡和一些其他的动物。这些狗是体重超过 150 磅的藏獒，非常吵闹，每天早上 5 点左右就开始吠叫，并经常持续叫一整天。戴尔和黛布拉是他们的邻居，在凯伦、约翰一家和藏獒搬到隔壁之前他们就住在那里。因为吵闹的吠叫声，戴尔和黛布拉睡不着觉，也没办法在自己家里享受到任何安静的时刻。动物管理部门已经以噪声污染为由对狗主人进行了处罚，但狗主人并没有采取任何措施去解决噪声问题。几年后，邻居们因为狗的吠叫起诉了狗主人，要求法院强迫狗主人处理掉他们的狗，并为过去几年因狗吠声给他们造成的损失支付超过20万美元的赔偿金。

如果你是狗的主人，你会尝试如何与邻居和解？

不出所料，学生的反应中最常见的建议是告诉邻居搬家——至于说邻居先住在那里的事实，似乎也不必介意。如果没有一个适当的模式来对这样的冲突进行协商，则很容易困于这种有限的、二元的模式当中。争论“处理你的狗”或“如果你不喜欢就搬走”的倾向在我们的社会话语中是标准的反应。幸运的是，DIM流程作为一个开启调查的三步系统，为棘手的冲突提供了更具创造性的、开箱即用的解决方案。

DIM流程

- 确定问题并思考“为什么”，直到你可以确定各方的潜在利益（Determine the issues）。
- 如果你未能达成和解，请确定最现实、最可能的结果（Identify outcome）。
- 提出一个更具创造性的解决潜在利益问题的建议（Make an

offer）。

为了练习此过程，请假设你是一名大楼经理，在纽约市管理一栋摩天大楼。在那里工作的租户每天都抱怨电梯太慢了，但换上快一些的电梯可能要花费数百万美元。为了更换电梯，你将不得不获得昂贵的许可证并处理各种石棉问题[①]，这还可能会使大楼暂停使用。但你想处理好这个问题。让我们从确定问题和利益开始。

这是最明显、最直接、最表面的问题。在这个案例中，大楼租户感到最显著的问题就是电梯太慢了。从问题转向利益需要我们思考，为什么这个问题对受影响的一方来说真的很重要。为什么这栋写字楼的租户会关心电梯慢的问题？并非人人都是那么迫切地要上班。假设你在这栋大楼里工作，要乘电梯去工作的楼层，你按下按钮，但电梯行驶得实在是太慢了，为什么这种缓慢会令你困扰？因为你只能站在那里等待。这很无聊，令你感到不耐烦，并且对等待感到恼火。

如果你不是将目光聚焦在电梯太慢的问题，而是专注于让等待

---

① 建筑材料中的石棉如果处理不当可能会造成污染，并对人体健康产生危害。——译者注

不那么无聊，那么你可以创造一些新颖的解决方案。你可以在电梯的外部和内部安装镜子，这样租户就可以照照镜子、看看自己当天是否精神，而不是不耐烦地等待。你也可以在电梯上播放音乐，是匪帮说唱[①]还是朋克摇滚？不，是肯尼·基（Kenny G）[②]！节奏流畅舒缓的爵士乐可以让人们稍微放松一下。事实上，DIM 流程几乎总能产生比人们惯用的正面交锋式解决方案更具创造性、可行性的方案。

考虑到这一策略，让我们再看看本章案例的事实。

凯伦和约翰住在俄勒冈州，他们养了几条狗、几只鸡和一些其他的动物。这些狗都是体重超过 150 磅的藏獒，非常吵闹，每天早上 5 点左右就开始吠叫，并经常持续叫一整天。凯伦和约翰的邻居戴尔和黛布拉，在凯伦一家和藏獒搬到隔壁之前就住在那里了。因为吵闹的吠叫声，戴尔和黛布拉睡不着觉，也没办法在自己家里享受到任何安

① 是一种表现城市年轻人生活的 Hip-Hop 风格的音乐。——译者注

② 肯尼·基是萨克斯管演奏家、当代最畅销的爵士乐乐手，曾获得格莱美奖、全美音乐奖与世界音乐奖等多个奖项。——译者注

静的时刻。动物管理部门已经以噪声污染为由对狗主人进行了处罚，但狗主人并没有采取任何措施去解决噪声问题。几年后，邻居们因为狗的吠叫起诉了狗主人，要求法院强迫狗主人处理掉他们的狗，并为过去几年因狗吠声给他们造成的损失支付超过20万美元的赔偿金。

如果你是狗的主人，你会尝试如何与邻居和解？

首先，狗主人需要确定邻居的问题和利益。困扰邻居最明显、最直接、最表面的问题是狗不停地吠叫。但是为什么狗吠叫会打扰他们呢？我们可以假设，如果狗不停地吠叫，邻居就睡不着了，狗会在他们睡觉时吵醒他们，让他们难以集中注意力。但是真正困扰他们的究竟是什么呢？这里的潜在利益是什么？总的说，这可能与邻居对家的感觉有关。大多数人对家都有一个基本的期望，即在自己家中可以享受安宁与平和。所以这就是他们的利益：保持平和与宁静感。

如果狗主人诚实地评估他们的“最佳替代方案”[①]，他们很快就

① 即 BATNA（best alternative to a negotiated agreement），指的是假如谈判不成，达成目标的其他可能性。如果除谈判结果之外，其他的可能性微乎其微，那么谈判者就应该尽量将谈判谈成而不是放弃。——译者注

会意识到诉讼可能对他们不利。狗主人已经因违规噪声而受过处罚，如果双方无法达成和解，法官和陪审团可能会因为狗主人是惯犯而对他们做出严厉的判决。对“最佳替代方案”进行现实的评估后，他们可能会承认，他们最终肯定会在审判中成为犯错的一方并且必须为此付出代价。也许罚款最终不会有20万美元那么高，但肯定不是一笔小数目。还有一个相当大的风险是狗主人必须处理他们的狗。如果他们真的想保护狗的安全，就会明白“最佳替代方案”是如此不利，以至于为此进入诉讼是个非常不值得的冒险。

为了达成和解，我们要考虑如何在无须赶走狗和赔偿20万美元的前提下，帮助邻居获得和平与安宁。也许主人可以花钱让狗参加训练，让其不再不分昼夜地吠叫。我们或许可以与邻居达成协议，让狗主人出钱给邻居家安装更好的隔音材料和隔音窗户。关键是，当我们将注意力集中于对方的问题时，我们便拥有了之前没想到过的解决方式。

在现实生活中，这起案件产生了令人震惊的结果。俄勒冈州陪审团判给邻居超过20万美元的赔偿金，并强迫狗主人给他们的狗进行手术——这是一项涉及改变狗的声带、使其以较低的音量吠叫的手术。如果狗主人不想让狗进行手术，他们就必须处理掉自己的狗。如果狗主人愿意尝试 DIM 流程来解决冲突，这种情况本来是可以避免的。

在要求教师在承担广泛职责的基础上教授社会情感学习的世界中，DIM 流程是一种便捷的节省时间的方法。在严谨的学术和社会情感学习之间做出选择是错误的。教给我们的学生强大的冲突谈判技巧可以帮助他们避免“不愉快地不同意”，并在团队环境中作为合作者和问题解决者更有效地工作。

和解与谈判案例

以下是使用 DIM 流程作为批判性思维教学模式的几种策略。这些策略中的每一种都需要学生识别表面问题，然后深入探究“为什么”以确定各方利益。

英语语言艺术

给小说和小故事写一个能平衡各方利益的新结局。例如，在

《人鼠之间》(*Of Mice and Men*)[①]中，让学生思考乔治可以考虑哪些其他选择来帮莱尼摆脱痛苦。但是学生们不能随便编一个“一艘宇宙飞船来了，把莱尼带回了火星，因为他真的是来自太空的外星人”之类的新结局。一个合理可行的新结局需要满足双方的潜在利益。在本书的结尾，乔治的问题是他对莱尼感到极度沮丧。但为什么乔治如此沮丧？可能是因为从小说开始，乔治就不得不忍受莱尼的许多问题，因为莱尼的一个错误，他们才刚刚搬离了另一个城镇。乔治厌倦了不得不花费所有时间来照顾莱尼，而莱尼只会一遍又一遍地犯同样的错误。什么替代解决方案可以让乔治满足他的利益？

社会研究

让学生拟定一项《和平条约》的条款和条件，使得该条约可以通过满足双方的根本利益来防止战争。

① 美国作家约翰·斯坦贝克（John Steinbeck）的中篇小说。在农场工作的乔治和莱尼是相依为命的朋友，莱尼因力气大、头脑简单而不断闯祸。最后，乔治为使莱尼免遭私刑的折磨，只好选择开枪打死了他。——译者注

数学与科学

解决问题的习惯和心态是解决具有挑战性的数学和科学问题最重要但经常被忽视的方面之一。通常，当学生在特定的数学问题上挣扎时，问题听起来像是“我被卡住了”或“我不知道该怎么做”。但是可以通过“为什么我被卡住了”之类的问题帮助学生进行更深入的探索，从而让学生更清晰地认知自身的元认知过程。此外，这种“大声”思考的过程有助于学生制定解决问题的策略。

以下面的例子举例：

求解 N、O、V、A（每个字母代表一个数字）

$$
\begin{array}{r}
NOVA \\
\times \quad A \\
\hline
AVON
\end{array}
$$

我鼓励并明确教导学生在头脑中进行这样的对话：

为什么我被卡住了？因为我不知道 N、O、V 和 A 是什么。

有什么线索吗？没看到。

如果我知道我在做什么呢？我的第一步是什么？我想

我会先求解 A。

为什么？因为问题中有三个 A，A 是乘数。

我知道 A 是什么数吗？不。

我知道 A 不是什么数吗？是的！A 不能是 0 或 1，因为 NOVA 乘以 0 等于 0，而 NOVA 乘以 1 等于 NOVA。

那么，A 是什么数呢？

如你所见，使用探索性问题将问题转化为利益也是一种强大而实用的方法，可以让学生有意识地关注他们的元认知，从而克服被卡住的感觉。

第 11 章

竞争

就评分体系而言，法学院和其他本科、研究生学院存在较大差异。在研究生院，如果学生阅读文献并写出相当扎实的论文，他们就可以拿到 A。与之相比，法学院的主要区别体现在两个方面。一是，法学院教授给分是按照硬性规定的成绩分布比例进行的。这意味着，在任何一个 30 人的班级里，即使所有学生都掌握了重要的法律概念和原理，此评分原则也极有可能促使教授把中等成绩设为 B-，并明确限制 A 的数量。二是，教授盲批考试卷。也就是说，大部分法学院教授会把试卷从优到劣依次排序，然后按照硬性规定的成绩分布曲线给分。

要想取得优异的成绩，光熟悉法律知识是不够的。如果学生都照搬法律条文，他们可能会得一个 C-。如果他们在适用法律这一块分析到位，做得好，他们会直接得到一个 B 区间的分数。想要获得一个梦寐以求的 A，他们的分析得非常卓越、杰出。至于想在课程中赢得CALI奖①，他们写的每一篇文章都必须比其他同学写得好。他们需要看见别人没有看见的细节，采取别人没有采取的视角。他们不应该仅仅回答结果“是什么”。考试中获得 A 等级需要结合公共政策可能产生的影响来阐明导致该结果的原因。

法学院疯狂的成绩竞争至少会在短期内产生现实影响。大部分法学院只会排出一个班的前三名。一些法学院的学术奖学金也只会在前三名中进行分配。法律期刊的发表资格是法学生的声望标志，这也要靠优异的成绩才能获得。许多知名律所的高薪工作机会和法庭的书记员职位也只会留给班上前 5% 到前 10% 的学生。

从小学一年级到高三，我都是后进生。进入本科阶段学计算机专业后，情况也并未好转。甚至在我攻读研究生并拿到公共管理专业硕士学位期间，我也还是一名后进生。然而，法学院造就了不一

① CALI 是英美法系国家法学院普遍参加的国际性法学非政府组织，CALI 奖表彰各加盟法学院每年单科成绩第一的学生。——译者注

样的我。我一路取得好几个 A，不仅以班级优等生的名义毕业，并且在五个不同的课程中获得了 CALI 奖：合同法、宪法、物权法、离婚调解法、遗嘱信托遗产法。

我努力学习的动机不是来自对取得好成绩的渴望，因为我从来就不在乎成绩。取而代之的是，当我的创造力得到了重视，就会点燃我对学习的激情。我以前不断把事情搞砸，然后为自己辩解道："嗯，已经发生的事情是……"后来我的创造力在法学院受到重视，我常犯的错误反而变得有价值了。法学院摒弃了一般意义上的好学生标准：几乎不布置家庭作业和额外作业；也很少因为出勤率给我加分或扣分；笔记本有多干净整洁一点也不重要；也不在乎我能记住多少法律条文。独立思考才是最重要的。法学院让我自己成了我最主要的竞争对手。

当我在期末考试中使用 DRAAW+C 程序时，就好像自己在棋盘上和自己对决。把脑海里互相辩论的声音转化成文字写在纸上，让我内心很激动。老实说，我从来没有为怎样赢过别人而发愁，我只想尽全力做到最好以满足个人的成就感。

这种竞争模式往往容易被教育工作者忽略。每当我们想到社会上的竞争时，脑海里显现的是体育竞技、学术竞赛、拼字大会和班级排名。谁是最棒的？我们为设置“参与奖”这个想法感到羞耻，因为“每个人都是赢家”和我们的竞争概念格格不入。在这样一个世界里，如果年轻人对竞争这个概念不买账，那么他们就会被贴上懒惰的标签。我们说他们需要更多的决心，或者说他们缺乏求知欲、激情和渴望。但是在与“我不在乎”的心态做斗争的过程中，我发现某些竞争模式的确不能调动人的积极性。

如果要我和美国 NBA 职业篮球运动员斯蒂芬·库里（Stephen Curry）比三分球，和美国职业网球运动员、大满贯冠军塞雷娜·威廉姆斯（Serena Williams）打网球比赛，或者与全国拼写大赛冠军进行一场没有限制的拼写比赛，那么我将会毫无积极性。我会觉得和他们之间的能力相差悬殊。但是如果这个竞争能量来自一个更内在的目标，感觉就会完全不一样。我能否连续投几个三分球？我能否在不双发失误的情况下连发 10 个球？我能否只拼写总决赛里最后三场的夺冠单词？如果你把一个适合某人年龄难度的拼图放在他面前，那个人很难不开始这个游戏。聚焦内驱力的竞争是本书所讨论的最后一个律师式思维策略。

应该给学生运动员发薪水吗

谈到竞争，大学体育竞技中最具争议的问题之一就是我们是否应该给大学生运动员发薪水。这个问题特别适用于在 I 类学校创收贡献最大的两大运动——男子篮球和男子足球中效力的学生运动员。

全美大学体育协会（NCAA）监管着大部分大学生运动员。2018 年，NCAA 报道，在美国只有 2% 的高中生运动员可以获得奖学金，并且不是所有奖学金都能够覆盖读大学的费用。NCAA 还报道了，只有极少数大学生运动员会成为专业选手，对于学生运动员而言，最大的好处就是不用花钱或者花很少的钱就能取得一个大学文凭。大学生运动员必须是业余选手，这也就意味着他们不能有薪水。他们确实会获得奖学金去支付一些特殊的费用，但是运动员并不能选择怎样使用这笔钱。

2010 年，NCAA 与哥伦比亚广播公司签订了一份价值 108 亿美元、有效期到 2024 年的合同。该合同表明哥伦比亚广播公司可以在电视上播放男子篮球锦标赛。来自全美规模最大的学校的 535

名教练总共赚了 4.4 亿美元。而这些大学拿出 4.26 亿美元作为奖学金发给 20 000 名运动员。这些教练平均每人每年赚 82.3 万美元，而一名学生运动员每年只收到大约 2 万美元补助。另外，大学还能和体育用品公司合作。例如，2014 年，圣母大学就与安德玛公司签订了价值 9000 万为期 10 年的合作协议。

应该给学生运动员发薪水吗？在与此相关的典型学术练习中，学生们会用惯用的方式来回答这个问题。他们会在 DRAAW+C 准则的指导下，轻而易举地给出一个有说服力的答复。他们会提出一个法律条文支持的最权威的要求，还会从辩论双方的角度来斟酌论据，并衡量他们的决定对公共政策产生的影响。尽管因为涉及公平和正义，学生在做这种练习的过程中会产生内驱力，但是竞争的概念仍然可以在此得到充分利用。

在这个例子中，关于本案的细节很少。教师们与其要求学生去看长篇幅事实或独自研究，还不如按下暂停键，玩一个抗辩游戏。在此，我们不用考虑每个学生的个人观点，学生接收到一个论据，就必须对此做出强有力的抗辩。例如，一个学生可能接收到如下一个反对给学生运动员发薪水的论据：大学生运动员不用花钱就可以获得卓越的指导，使用精良的设施，并拥有一流的实训条件。这已经给了他们成为一名职业运动员的机会。若不是因为大学生运动员这个身份，他们本来是不会有这样的机会的。现在这名学生必须提出一个能够直接反驳这条论据的抗辩事由。比如：

> 如果你知道成为专业运动员的大学生运动员数量是多么少，你就不会觉得他们获得的这些免费指导和实训会对广大的大学生运动员产生什么有价值的影响。除此之外，年轻的专业运动员还常常有机会去海外打球，并直接跳过大学阶段，他们在获得报酬的同时也能享受和学生运动员一样的指导和实训。

抗辩游戏不仅对基于内驱力的竞争很有用，在课堂上围绕争议话题进行有意义的讨论，还是一种很实用的教学方法（参见表 11–1 中的论证样本）。没有老师想听到班级失控被新闻报道的消息，抗辩游戏的结构为讨论建立了安全边界。在游戏过程中，给学生机会从不同立场来论证，可以帮助他们欣赏对方的观点，争论时做到对事不对人。

表 11-1 同意和反对给学生运动员发薪水的论证

同意给学生运动员发薪水的论证	反对给学生运动员发薪水的论证
■ 许多学生运动员每周要做 40 ~ 60 个小时的训练。此外，他们还必须上文化课并完成家庭作业。对他们而言，工作是不可能的事。奖学金可以满足他们的学术开支，但他们没有办法赚零花钱 ■ 对大学生运动员赚钱的规定很严格，不允许大学生运动员签代言协议。代言意味着当他们的名字被印在运动衫上时，当他们的肖像出现在视频游戏中时，或者他们的照片出现在海报上时，他们都能得到一部分收益 ■ 大学生运动创造出了很多工作岗位，包括教练员、私教、售票员和裁判。NCAA 雇用了 500 多人。所有这些人都在通过大学生运动赚钱。除了运动员——赛场上的明星，其他的每一个人都有工资	■ 大学生运动员可以免费获得卓越的指导，使用精良的设施，并拥有一流的实训条件。如果这些选手有成为专业运动员的潜质，那么他们在大学阶段做的这些准备将非常有价值 ■ 大学生运动员的身份是一名大学生。他们不是学校的雇员，也不是专业的运动选手。在大学里，运动只是课外活动。大学生运动员无须负债就可以获得学士学位，有时还可以获得硕士学位 ■ 有些大学通过他们的运动项目获益颇丰。得克萨斯农工大学一个学年就可以赚 1.8 亿美元。但也有很多学校赚不到这么多钱。大约 44% 的大学从他们的运动项目中赚到的钱每年不到 2000 万。这些学校不可能像那些规模大的学校一样，支付得起他们的运动员工资

这个过程帮助我们加速完成这项富有挑战性的任务——你可以用令人愉悦的方式表达不同意见。

四角游戏

四角游戏是另一个“按下暂停键”的方式。它可以培养学生批判性思维策略中的竞争意识。可以通过介绍手头一个问题的摘要或概要，来练习这种策略。然后，让学生把剩下的信息分成四类：支持、反对、无关紧要、两者皆可（参见表 11–2）。以下是一个四角游戏如何运行的例子。

表 11–2　　　　四角游戏

支持	反对
无关紧要	两者皆可

不许反悔：威廉姆斯诉沃克 – 托马斯家具公司

奥拉需要购买一些家具。她去了沃克 – 托马斯家具店分期付款购买她需要的东西。在 1957 年到 1962 年期间，奥拉总共花 1500 美元买了 13 件家具。奥拉签署了分期付款合同，其中一条表明只要奥拉有一次未能按照约定还款，家具店就可以把她购买的家具全部收回。奥拉没能按时付款，沃克 - 托马斯家具店收回了她购买的所有家具。沃克 – 托马斯家具店有权收回奥拉购买的所有家具吗？

这足以让人产生出于直觉的判断，但要想在没有更多信息的情况下，充分分析事实、得出结论还是具挑战性的。与其让学生阅读长篇幅事实，还不如把这些事实罗列出来（参见表 11–3），让他们判断这些事实分别属于哪一类。这项有趣的活动取决于学生独立归纳总结的能力。如果他们立马进行归类，那他们极有可能随着事情的进展改变之前的分类。例如，“奥拉每月靠政府补贴的 218 美元度日”。刚开始，这个事实似乎与本案完全无关，但是当思考者了解到那套音响设备需要 514 美元，并且销售员也知道奥拉每月的收入只有 218 美元后，这可能最终成为一个支持威廉姆斯诉沃克 – 托马斯家具公司的事实。

表 11–3 **事实**

奥拉是单亲妈妈，她有 7 个孩子要养	奥拉每月靠政府补贴的 218 美元度日
沃克 - 托马斯家具店从未给过奥拉一份她所签署合同的副本	分期付款的制定方案为：只要奥拉留有未支付完的款项，那么她就总是对之前购买的货物有欠款
到 1962 年，奥拉 1957 年购买家具应付的款项，还剩 3 美分没付清。沃克 - 托马斯家具店想把奥拉那次购买的所有家具收回	只要奥拉还在买新家具，她就永远不能结清以前的分期付款
1962 年，一位上门推销员卖给奥拉一套价值 514 美元的音箱设备	卖音箱给奥拉的推销员知道她每月靠政府补贴的 218 美元度日

表面上看，四角游戏似乎不是一个竞争过程，但是任何分类练习都会自然而然地培养一种内在的竞争观念。例如，看一看下面这个事实：“到 1962 年，奥拉 1957 年购买家具应付的款项，还剩 3 美分没付清。沃克－托马斯家具店想把奥拉那次购买的所有家具收回。”这似乎强有力地论证了沃克－托马斯家具店的残酷无情。但是，也会有人说如果奥拉不想让她的家具被收回，她就应该按时还款。这个事实可能是双相的，但也可以被归类到支持或反对家具店的一角中。

这个过程不是要看你是否正确，而是要看你能否说服对方，完成这个复杂的拼图。我们所处的这个时代，学术压力造成的舞弊比教育工作者愿意承认的多得多，但是在四角游戏这样的活动中，思考者不愿、不会也不能作弊。如果你有六个小组参与到本活动中，那么你会得到六种不同的答案。

快速简短的竞争

作为一名拥有多年教学经验的教师，我理解教学的真实情况。

即便我们拼尽全力，也不可能让每一堂课成为培养批判性思维的杰作。我们的教学无法每时每刻都为眼前的学生们提供娱乐活动，总有一天，我们要教孩子二元一次方程。第一次教二元一次方程真的和听起来一样需要很强的说服力。

对核心概念没有基本的理解，学生就不可能或者很难就具体的学科和文本进行深入的批判性思考。然而，这并不意味着整个教学模块必须极端严肃。有一些方法可以在不减少理解核心概念的情况下，无缝整合鼓励积极竞争又快速简短的批判性思维活动。

若你知道自己本节课的内容会比较厚重，可以考虑把简短的批判性思维游戏、问题和活动纳入课堂前五分钟的热身环节。这样一来，你就可以立马引起学生们的注意。定期给他们时间练习，养成批判性思维的习惯，激发他们体内的能量去积极学习，这在课业内容多的时候是非常必要的。

这些基于批判性思维的竞争游戏还可以在课中让学生的大脑得到短暂的休息。假设你刚给小学三年级的学生详细教授了如何分析一首抽象诗。我们不必是小学三年级的学生也明白，学完抽象诗之后能量耗尽是什么感觉。在过渡到下一个知识点前，停下脚步，用一个这样简短的游戏来唤醒学生，让他们的大脑重新集中注意力，同时也给他们一个练习养成批判性思维习惯的机会。

无数普通游戏、智力游戏、逻辑问题和谜语都可以拿来为我们所用。我最喜欢用的是 24 点游戏、字谜和看图猜物。

24 点游戏

24 点游戏是我最喜欢的游戏之一，这不仅是因为我遵循“一日为数学竞赛选手，终身为数学竞赛选手”的信条，还因为就连不做数学题的学生也会被这个复杂的解题过程所驱动。24 点游戏就是选手必须用每张卡片上的 4 个数字进行加减乘除运算最终得到 24。24 点游戏按难易程度不同分为 1 分型、2 分型和 3 分型。其中 3 分型最具挑战性，老师可以根据学生的能力设置游戏的难易程度。例如，给你 8、8、3、1 这四个数，至少有三种方法得到 24 这个答案：

- 你可以：3+1=4，4×8=32，32−8=24。
- 也可以：3−1=2，2×8=16，16+8=24。
- 如果你感觉自己是本年度的数学竞赛选手，还可以：

8+1=9，9÷3=3，3×8=24。

开展这种活动的方式有好几种。可以把其中一个问题写在黑板上，看看哪位同学能最先得到答案。然而，这可能会使那些速度不那么快的学生灰心丧气。还可以提供三张不同难度的卡片，看谁给出的运算方式最多而不是看谁最先做完。这种方式会更好一些。在中学课堂里，你还可以把它变成一个竞赛，将整个班级本课时的表现和其他课时的表现做比较。在小学阶段，你可以把它设置成小组竞赛，每个小组都包含高水平、中等水平和低水平的学生。这样一来就平衡了参赛者并驱动每一个孩子依自己的潜能行事。水平较低的孩子会致力于解决 1 分型问题来至少为团队赢得 1 分。但我们的 24 点游戏全明星选手则可能会聚焦于用尽可能多的不同方式来解决最难的问题。

字谜

自从看了《经典专注力》（*Classic Concentration*）这档电视节目后，我就迷上了字谜。这档节目结合了竞赛（我在家和孩子们玩饥饿游戏时采取的形式）及将视觉图像转换成常见短语的形式。字谜游戏能起作用是因为它包含了大量的高声口语表达和把元认知语言化。学生一般也不害怕在这些问题上犯错误，因为他们意识到错误的答案往往会把他们带到其想去的地方。

很多网站都可以找到字谜。这里有几个例子：

- HEAD、HEELS（head over heels[①]，即“颠倒”的意思）；
- ABCDEFGHIJKLMNOPQRSTVWXYZ[②]（missing you，即“想你”的意思）；
- NEAFRIENDED[③]（a friend in need，即“患难之交”的意思）。

你可以让学生创造自己的字谜，来激发他们的创造力。书上的短语、主题词汇、历史事件和数学运算法则都可以成为公平的游戏。

猜猜这是什么

如果你愿意，只要花几秒钟就能让大脑得到放松。只要在网上

---

① Head over heels 和 heels over head 都有颠倒的意思。——译者注

② 按照字母排序，缺少了字母 u，即 miss u（you），意为“想你”。——译者注

③ friend（朋友）在 need（需要）里，即 a friend in need，意为“患难之交”。——译者注

搜索“_____的特写镜头”（注意空格处的用词），然后遮住图片露出一部分，让你的学生猜猜这是什么。参见图 11–1 的例子。

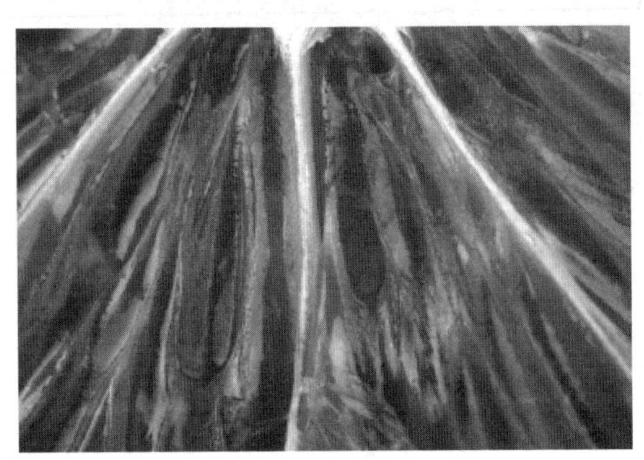

图 11–1　特写镜头一

学生们开始总会很有创造力地去思考他们正在看的东西。有些人可能看见了一片羽毛，有的甚至觉得是蜂窝，还有的可能会给出橘子这个正确答案。此处，你可以用一本正经、狡猾的面容和误导的问题来搅乱他们的思绪。用上你最疑惑的声音问“你确定这是一个橘子吗？请确保你在认真仔细地观察”，然后把特写镜头呈现在答案旁边（参见图 11–2）。

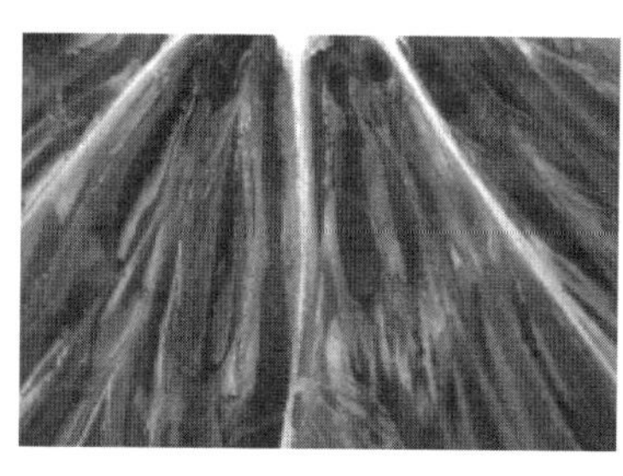

图 11–2　特写镜头一及答案

当面对更直接的答案时，这个质疑技巧就更有力量。图 11–3 中是一只蜘蛛的腿，学生们看到这个图片就会很自然地把它看成一只蜘蛛。但是请用谨慎的措辞来引导，“下一张会非常具有欺骗性，不要掉进陷阱里，仔细看一看，猜猜这是什么？”

图 11–3　特写镜头二

“一个瘦子毛发旺盛的手臂”或者“多毛的弯树枝”，在做出很多错误的胡乱猜测后，学生们将不得不意识到这一现实——他们被耍了（参见图 11–4）。此时，问一问他们为什么会如此快地去怀疑自己的本能判断。这对他们很有帮助。拥有健康的质疑心是一件重要的事，但是当学生通过观察和分析得出这个特写镜头是一只蜘蛛腿的结论时，为什么他们会怀疑呢？考虑到老师知道自信心对学生们回答问题和冒险态度的影响有多大，这是一个塑造心智成熟度的强有力的例子。换言之，学生应该确信对自己仔细推敲、分析得来的答案感到安全。有人说“我不知道”（没有额外的洞察、分析、证据或细节），不足以让批判性思考者去怀疑他们的结论。

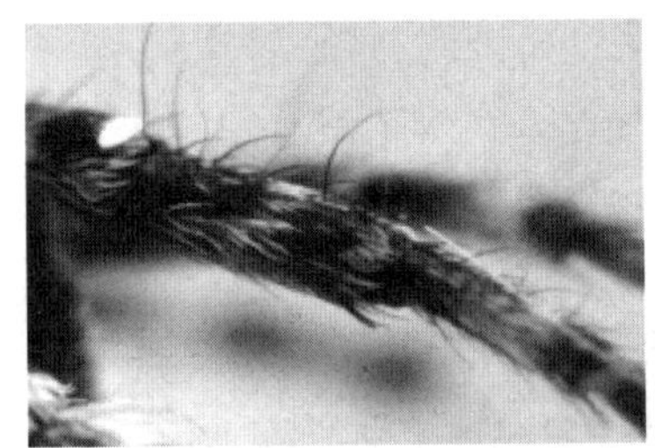

图 11–4　特写镜头二及答案

第三部分

批判性思维革命的实践思考

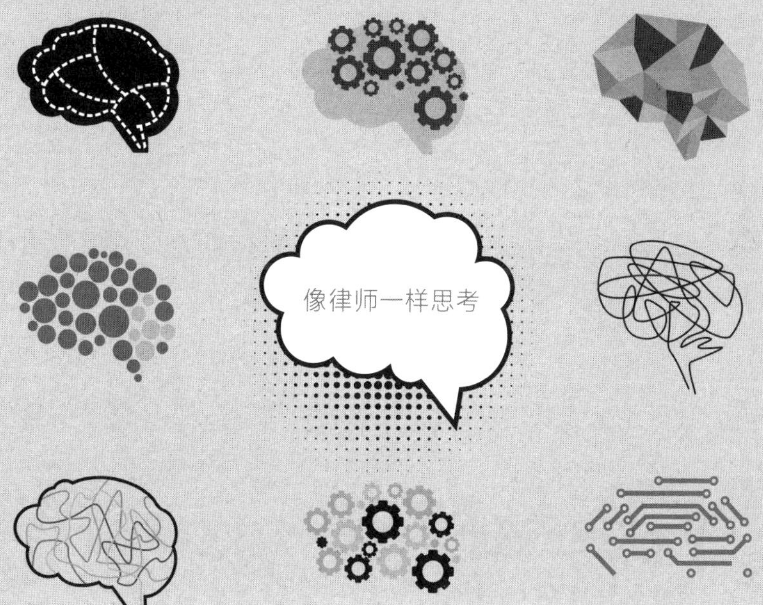

第 12 章

让律师式思维运行起来

在过去的几年里，我很荣幸能为有才华、有天赋的老师们提供律师式思维策略的培训。能获得一套明确的指导方法，老师们通常都很激动。他们能立刻把这套方法应用到教学中，活跃课堂气氛，提高学生的严谨性和参与度。这套方法尤其适用于那些教授独立课程的有才华、有天赋的老师，也特别适用于那些每周固定时间给超常儿童进行知识拓展教育的老师。这些老师知道他们的主要工作就是充分挖掘所有学员的潜能，并且他们通常也有足够的教学工具和方法去实现这一目标。还有一点也帮了不少忙，那就是他们教的都是有才华、有天赋的学生。

听说全美各地的资优学生的老师往往能够在课堂上成功实施律

师式思维策略，这很令人振奋，但情况也并非总是如此。我已经培训了成千上万名通识教育的老师，他们来自你能想象得到的每一种类型的学校。一些老师回馈说他们在使用律师式思维策略去培养每一位孩子时，很煎熬。这种情况比我愿意承认的发生得更频繁。老师们告诉我在 ELLS（英语语言学习体系）中采用律师式思维策略是多么地富有挑战。他们告诉我接受特殊教育的学生在这些活动中所遇到的困难。未达到年级水平的学生被认为“水平太低”，不能参与到运用批判性思维的活动中来。

这些反馈让我意识到，即使教育工作者明白批判性思维为什么那么重要并且拥有实用的律师式思维策略，他们仍然需要一个切实可行的框架来确保他们知道如何教授所有学生进行批判性思考。说得更明白一点，教授所有学生进行批判性思考是一件事，确保学生真正学到所教授的批判性思考技巧并形成批判性思维则完全是另一个不同的目标。

我脑海中出现了几个关于教批判性思维和学批判性思维之间存在差距的实例。某年 10 月，我发现一名中学数学老师厌倦了指导学生们一步步去解应用题。因此，他在黑板上写下了一道复杂的应用题并告诉学生："这里有一道应用题，你们可以自己解出来。"一分钟过去了，五分钟过去了，十五分钟过去了。到结束时，除两位同学以外，其他同学都交了白卷。

这使我想起在那一年的第一次数学考试试卷上，我出了一道这样的题："你更想了解的是一场赛事的赔率还是胜率？解释一下你的偏爱。"大部分学生直接跳过了这一题，多数回答了这个问题的学生也只是简单地写下"赔率"或"胜率"，并没有任何解释。最有雄心壮志的学生倒是确实给出了解释，类似于"我更想了解赔率，因为我更喜欢赔率"。结果没有达到我的预期，但这是我的错，因为我没有教授他们相应的学习体系来达到我的预期。

批判性思维的学习体系与语法学习体系、数学基本事实学习体系一样，它们能够被教会也必须被教会。因为只有具备了这个重要的先决条件，你才能在自己教的班级里实施律师式思维策略。乐队指导老师几乎总是先教初学者打节拍，这样他们就可以在开始弹奏乐器前掌握韵律和节奏。如果把学习体系看作教授给学生的节奏，教会他们打拍子，那么即便他们弹得走音了，节奏也不会乱。

为了确保你拥有面向每一位学生实施律师式思维策略的必要工

具，本节概述了四个最重要的批判性思维学习体系——等待时间、句子框架、玻璃鱼缸和文明交流准则，你可以把它们融入你的课堂中。

等待时间

为什么现在的学生可能比过去的学生更难进行批判性思维？读完这个问题，你可能会立刻想起“那些摇滚风格的现代孩子”。技术滋生了及时满足，我们常常看见孩子们整天不见面只在网上聊天。但是假设我用另一种方式来问这个问题，会有什么不同的发现吗？看看下面这个问题，并跟随我的指引：

> 我想问你们一个重要的问题。我需要你们认真思考后给出答案，我会给你们 10 秒钟考虑。为什么在学习批判性思维的过程中现在的学生比过去的学生更挣扎？默默地考虑你的回答 10 秒钟。

是否觉得不同寻常、奇怪或者不自然？教学任务要求你提供 180 天的学习时间，但学生只有 140 天就要参加标准化考试了，这还没有减去那些快乐的照相日、假期音乐会、消防演习、精神周（北美流行的校园文化，一周五天举办有趣的主题活动，反映自由奔放的校园精神）等所占用的时间，所以时间真的很珍贵。这种紧迫感常常使老师们忽略一个强大的免费资源——等待时间，可以说它也是学生接触批判性思维最重要的前提。

阿尔伯特·爱因斯坦曾说："如果我有一个小时来解决问题，我会花 55 分钟弄清这问题到底在问什么，然后再花 5 分钟思考解决方案。"如果我们不给学生时间想一想，那他们确实不会进行批判性思考。让等待时间成为学习过程中最珍贵的资源之一吧。

以下三个步骤可以帮助你有效地实施等待时间。

- 告诉学生："我会给你们 10 秒钟思考这个问题的答案。"
- 问一个激发思考、开放性的问题。
- 明确告知学生"默默考虑你的回答 10 秒钟"。

如果你想进一步提高要求，10 秒钟过后立即要学生转过头去和身边的人简单分享他们的想法。由于交流是有声的思考，所以它也给了学生进行批判性思考的机会。

等待时间是创造公平竞争环境的有力策略。当你使用它时，你就创造了更公平的机会，让学生给出有意义的答复。所有学生都可以从等待时间中获益，包括那些挣扎着找准确用词的同学，那些反应较慢的同学，那些思维超级缜密的同学，那些不管三七二十一总是很快给出答案的同学。

作为批判性思维的一个特质，等待时间是一项必不可少的习惯。学生必须学会更珍视沉思的过程而不是完美的结果。人们崇拜那些险中夺冠的人，他们在不到五秒的时间内回答随机抽取的问题的表现实在是太精彩了。想象一下，你的学生长大后，如果每当他们很难下决心时，本能地停下来思考："我应该买这个我买不起的东西吗？""我应该立刻签这个合同吗？""我手头的现金不够用，但是我有机会获得发薪日贷款，我应该贷吗？"思考一下，到那时这个世界会呈现出什么样的面貌。形成等待时间的程序性记忆，会帮助人们养成深思熟虑后再做重要决定的习惯。

深思熟虑的习惯在当今这个时代尤其重要，你在社交媒体上发的内容是"无法撤销"的。故事、聊天记录和其他昙花一现的信息似乎"消失"了，实则永远不会真正消失。社交媒体上的信息和帖子即便删除了，也可能通过截屏或其他方式永久保存下来。不管怎样，文字很重要，反应也很重要。覆水难收，信息发出去了就是发出去了。无论是帮助学生完成学术上富有挑战性的批判性思维问题，还是帮助他们应对生活中的艰难决定，等待时间都很重要。

句子框架

当老师准备让学生写出符合高期待水准的文章时，他们通常会给学生提供一个说明，甚至可能向学生展示一篇“好”范文。而给学生一个框架去达到预期目标则是一个完全不同的挑战。在法学院，标准的法律文书模板是 IRAC 模式（Issue，Rule，Analysis，Conclusion，其中 I 代表问题，R 代表法律法规，A 代表分析，C 代表结论）。美国国内的学校通常使用一个类似于 C-E-R（Claim, Evidence, Reasoning，其中 C 代表诉求，E 代表证据，R 代表原因）或 E&E（Evidence and Elaboration，其中第一个 E 代表证据，第二个 E 代表详尽阐述）的模式。然而，即便给了一个说明，学生仍然会把分析、说理和详尽阐述写得一团糟。DRAAW+C 分析程序帮助学生高水准地分析文章。在此，句子框架可以给学生提供一个清晰的模板，帮助他们形成程序性记忆，掌握分析的基本要素。

我们用一个有争议的问题来测试一下这个框架：

应该给大学生运动员支付薪水吗？为什么要支付？为什么不支付？解释清楚。

根据 DRAAW+C 模式的要求，我们想要学生给出一个有着基本法律支持的清晰的观点，至少包含正反两方观点的辩论、一个关于“世界将会变成怎样”的公共政策影响的辩论和一个结论。了解了这个之后，我们可以建立如下的句子框架：

D：应该 / 不应该（选一个）给大学生运动员支付薪水。

R：大学生运动员____________（解释一下现行法律条文对大学生运动员薪酬的规定）。

A：____________（你的观点）给大学生运动员支付薪水，因为____________（给出一个具有说服力的理由来支持你的观点）。

A：另一方面，可能有些人会主张____________（反方观点）给大学生运动员支付薪水，因为____________（提供一个具有说服力的理由来支持反方观点）。

W：如果学生运动员＿＿＿＿＿＿＿＿（反方观点），这个世界将会＿＿＿＿＿＿＿＿（给出一个可能出现的消极结果）。

C：因此，＿＿＿＿＿＿＿＿（重复你的观点）给大学生运动员支付薪水。

将这个框架应用到本章前面为赛事投注的例子中（即了解一场正在进行的比赛的赔率好还是胜率好？）就是这样的：

D: 我会更想了解这场正在进行的比赛的＿＿＿＿＿＿＿＿（赔率 / 胜率）。

R：一场比赛的赔率由＿＿＿＿＿＿＿＿决定；它的胜率由＿＿＿＿＿＿＿＿决定。

A: 我更想了解这场比赛的＿＿＿＿＿＿＿＿，因为＿＿＿＿＿＿＿＿（给出一个理由解释为什么知道这个数值可能更容易获胜或更有用）。

A：别人可能更想了解这场比赛的＿＿＿＿＿＿＿＿，因为＿＿＿＿＿＿＿＿（给出一个理由解释为什么有人认为知道另一个数值可能更容易获胜或更有用）。

W：如果必须采用一场比赛的＿＿＿＿＿＿＿＿（你未选择的

答案）而不是____________，这会导致___________（给出一个可能出现的消极结果）。

C：因此，我更想知道这场比赛的____________（重复你的观点）。

使用句子框架时，要考虑到下面这些重点因素。

- **不是所有的学生都需要句子框架。**使用句子框架的目的是将大纲说明变成可操作的具体步骤，让学生依此来达到你的预期。但是，你可以让学习能力强的学生不用句子框架进行表述，或者让他们尽快脱离句子框架的约束。你也可以根据不同的学情，为学生提供更灵活的句子结构或者更固定的句子结构。
- **句子结构可以，而且也应该被逐渐停用。**鼓励学生逐渐承担责任，你可以只在介绍新的写作提示时考虑使用句子框架。随着时间的推移，逐渐停用句子框架，以确保学生不会过于依赖它们。
- **句子框架的应用非常广泛。**上文中，我举了两个例子来说明如何在 DRAAW+C 分析程序中应用句子框架。此外，句子框架还可应用于各种不同的任务，形成预期模式。

- 试卷更正：做错这个题目是因为我___________（解释你的错误）。为了解决这个问题，我___________（解释你怎么更正它）。
- 循证分析：在_________（提供你引用的页码）页，作者认为___________（阐明论证）。这支持___________（重复你的观点），因为___________（解释为什么这个证据支持你的观点）。
- 比较对照：___________和___________是相似的，因为___________（阐明他们的共同点）。

玻璃鱼缸式[①]小组合作规则

分组学习通常是一种默认的学生参与学习的方式。然而，学生是否真的能在小组合作中学到知识则十分值得商榷。作为教育工作

① 指小组讨论的一种模式。理想情况下 3 ～ 6 人为一小组进行讨论，而其他参与者（最多 50 人）作为观察方，观察该小组讨论的过程，不干扰，就像在透明的玻璃鱼缸外观察鱼的运动一样，故而被称为玻璃鱼缸式讨论模式。——译者注

者，我们仅凭直觉就知道有效的小组合作应该是什么样的，但是我们为什么会觉得学生也知道呢？小组合作是另一个为学生提供清晰框架的好机会。

与其放开对有效小组合作的理解，还不如给出明确的定义。表12–1是一个简单的规则，从参与度、时间管理和卓越共赢三个方面来检测小组合作的有效性。

表 12–1　**小组合作规则**

	1	2	3
参与度	一名或多名组员没有为本组提供任何观点或问题	每位组员都提出了观点或问题，但一名或多名组员的参与度很低并且 / 或者他们的参与并无帮助	所有组员要么提出了有用的问题，要么提供了有用的观点
时间管理	未能完成小组任务的一个或多个重要部分	理论上完成了小组任务的每个部分，但是在其中一个或多个重要部分上花的时间很少	认真完成了小组任务的每一个部分
卓越共赢	小组完成了任务，并且没有任何人质疑小组结论或提出不同的观点	一名或多名组员认真地质疑了小组结论，或者提出了重要的不同的观点，但是这些问题和观点没有被纳入最后的结论中	一名或多名组员质疑了小组结论，或者提出了不同的观点，而且这些问题和观点被纳入最后的结论中

注意这个规则并不惩罚没完成任务的行为。在小组合作中欢

笑、社交、离题都可以，真正重要的是每位组员都能真正参与到活动中。这也不是说要一个人记录、一个人计时、一个人进行表述，而是所有组员要么提供有用的观点，要么提出有用的问题。

时间管理也要有效。这意味着组员可以认真完成小组任务的每一个部分。有效的时间管理涉及许多其他的技能和策略，尤其是在小组内。但是怀着认真完成每一项任务的期待，他们就会在规定时间内集中注意力，高标准完成任务。

最后一点，小组合作一定比单打独斗强。卓越共赢是检验21世纪学习效率的试金石。当组员把不同的观点和问题融入他们的答案中时，他们就是在进行有效的交流，理解别人的同时，也让别人理解自己。在这个过程中，学生可以学会怎样用令人愉悦的方式表达不同的意见。

无论你是刚开始在班上使用小组合作，还是想要重启你一直在做的小组合作，都请尝试使用玻璃鱼缸式的活动来塑造有效的小组合作形式。向全班展示有效的小组合作规则（参见表12–1），然后请一个小组上台示范，在其他同学面前完成一个时长五分钟的示范任务。然后，要求全班（包括示范小组）一起来评价该组同学的表现：上台示范的小组先评价自己的表现，然后其他同学再来分享他们的评价。在分享如何判断该小组合作的有效性，并据此进行打分的过程中，学生会更确切地了解那些能帮助他们在学业和生活上取得成功的心理预期。

文明交流准则

学生听到“辩论”这个词时，他们一般在期待什么呢？和他们在新闻节目、体育频道、理发美发店和假日家庭聚餐里看到的一样，争论，争论，还是争论。文明交流准则也许能给学生创造一个安全、周到的环境，让他们去自由地探索本书所讲的各种批判性思维策略。不管是分析校内言论自由之类的敏感话题，还是讨论大灰狼的本质是否很坏，没有清晰的指导方针，都很容易失控。

把以下五条准则分享给你的学生，必要时，可以改变或增加条例。

- **对事不对人。**学生应该具备这样的能力：不赞成对方的观点，但又不把持有不同意见的人描绘成恶魔。形成围绕观点而非人的评论氛围，学生们会感到安全，从而更容易敞开心扉。

- **用“我”陈述**（例如：使用“我认为”或者“我不同意”，而不是“人们认为”“我们认为”或“你们认为”来表达自己的观点）。“我不同意科林的‘学生运动员应该获得报酬’的观点”，听起来比“科林的‘学生运动员应该获得报酬’的观点是错的”要舒服得多。尽管这两种表达方式都只是陈述了我的观点，而不是我这个人，但是省略“我”的表达方式是一种像宣言似的陈述。这会启动自我防御机制，让“我”不太可能去听别人的理由。
- **不要打断。**如果一个人频繁打断他人，就表明他几乎没有兴趣倾听别人说什么。如果只想着表达出自己的下一个观点，而不让别人完成他们的表达，那么这就是个不够文明的辩论环境。
- **反对但不让人反感。**可以不同意别人的观点。事实上，用令人愉悦的方式表达不同的意见是一个人心智成熟的重要标志。
- **倾听，即使你不同意。**分歧是正常的。然而，难得的是，和别人持有不同的观点时，发挥情商的作用去理解为什么他们看待事物的方式和我们不一样。理解始于倾听。当学生的表达是为了让人理解，倾听是为了理解别人时，一个文明的交流环境应运而生。

没有切实可行的准则，学生要养成“表达是为了让人理解，倾听是为了理解别人”的习惯很困难。和学术内容一样，用令人愉悦的方式表达不同意见，也是需要通过学习和塑造才能掌握的。

可能需要专门写一本书来介绍实用策略，以帮助教师建立一个清晰明确的指导框架，从而最大限度地利用律师式思维策略的影响力。像乐队老师先教授节奏为学生的音乐学习打下基础一样，本章展示的批判性思维模式也为学生的思维发展打下了基础，以便培养他们的批判性思维技能和素质。

第13章

避免为参与而参与

“学生根本提不起兴趣”是许多受挫的管理者和老师的哀叹。我们脑海中好的教学情景是学生坐在自己的椅子上，睁着渴求知识的双眼，认真听课，积极参与小组合作，干劲十足，面带笑容，时不时还爆发出巨大的“原来如此”的惊叹声。事实上，没有学生会回家告诉父母“哇，我们今天做了很棒的练习题”。因此，我们如此重视学生的参与度也就不足为奇了。

本章的目的不是反对学生参与，而是要确保参与是为学习服务的，而不是单纯为了参与而参与。下面的例子阐明了为什么这个细微的区别如此重要。

在梅耶·莱文学校读书的经历毫无疑问是我人生中最

宝贵的财富。我可能是一个古怪的人，但我觉得中学是一个孩子能梦想到的最幸福的时光。小学六年级的数学老师点燃了我的数学激情，让我最终成为纽约布鲁克林中学数学队最令人骄傲的成员。所以，当我大学毕业后成为一名数学老师并且有时间观察老师的教学工作时，我去拜访了威廉姆斯女士——当时的数学教研组长。

我向她表明了我的雄心壮志。我和她分享了我一直在构思的基于项目学习的主题，我告诉她，我打算把欢声笑语和激情带进数学课堂。但是当我还没来得及进一步阐述并分享本年度最佳新手教师的获奖感言时，她打断我说："跟我来，我带你去看一看。"（当你的中学老师要你去做某件事的时候，即使你已经是一个成年人了，你大体上也不得不去做。）

威廉姆斯女士想告诉我：学生的参与度并不等同于学习本身。她认为这是我需要知道的最重要的一课。诚然，学生需要有一定的参与度才能学到知识，但是为了参与而参与，并不会必然成为有效的学习机会。刚开始，我还不知道她想表达的是什么意思，直到她带我去观察两位教同年级的数学老师的常规课堂时，我才了解她的深意。

A 教师是每一位学生都喜爱的老师。她的课堂非常活跃，充满能量，并拥有丰富多彩的小组合作，学生的参与度也很高。教室里欢快的氛围如此明显，我完全能想象到她就是校长们梦寐以求的老师。但是，尽管教室里充满学生的响应和赞许声，我发现许多学生在小组合作中得出的答案并不正确。学生们知道我是来观察、学习的新手教师，其中有几名学生在离开时对我说，我以后应该像 A 老师那样教书。但是，最终，这节课结束后，A 老师的学生并未真正理解本节课的学习目标——求平均数。

B 教师的课堂则完全不同。她有一种更为保守的能量，也没有炫酷的元素。她用了一个故事来开场。这个故事是关于一段节选自电视节目《60 分钟》(*60 Minutes*) 的对话——种族隔离时期，一名记者采访南非领导人的对话。最开始，甚至是我都在怀疑“这是 2004 年的东弗拉特布什[①]……为什么她要分享这个无关的故事？”她接下来解释道，当记者问了一个关于南非收入差距巨大的问题时，

① 指美国纽约市的一条大街。——译者注

政府官员辩解说南非的平均收入处于世界领先水平。这名记者继续追问道："如果你一只脚泡在一桶开水里，而另一只脚却泡在一桶冰水里，请问从平均的角度出发，你觉得舒服吗？"这一问题问得该政府官员哑口无言。B老师的分享引起了在座各位学生精神层面的改变。

像一桶冷水浇在头上，我瞬间清醒：最好的老师不仅能让学生参与，而且能让学生有目的地参与。参与和学生学习并不是一回事。在我研究"像律师一样思考"的过程中，我对这个毋庸置疑的事实有了更进一步的理解。

参与和基于目标的课堂设计应该携手同行。缺少了任何一方，我们都没办法让学生实现当天的学习目标。B教师的参与机制能起到作用是因为它激发了学生的内驱力。而学生们有兴趣去了解更多关于平均数的知识是因为她的课堂是围绕公平正义这一核心主题展开的。她的水桶类比让学生对平均数的概念有了更直观的理解，让他们在进行求平均数的计算之前，先评估一下他们关于平均数问题的回答是否合理。

当我们考虑设计出一堂学生参与度高的课程时，要记住在评价一堂课是好还是坏的过程中，参与度只占 50% 的比例。为了帮助学生激发出他们的潜能，我们必须把挖掘学生自主感的参与机制和注重学习效果的教学机制结合在一起。

第 14 章

批判性思维——课堂管理的秘密武器

律师式思维策略在法庭上特别好用。这可能是因为法庭是一个非常庄严的地方，在场的每一个人都必须对法官表示出十分的尊重，未经允许不得发言。若有人没有遵循规则便可以被视为藐视法庭，并被戴上手铐驱逐出去。然而，真实的课堂不是这样的，也不必这样。

将批判性思维融入你的日常教学中颇具挑战性，尤其是当你需要处理的事情本身就是富有挑战性的行为时。每一个老师都会遇见“那个”学生——天生的领导者、杰出的创新者、令人印象深刻的问题解决者。然而，碰巧的是，他往往也是那位纪律破坏者、被留校的人，也是校长办公室的常客。但是，考虑到平时（特别是考试季）学生们接受的教育多半是教师驱动、课业繁重的教学指导，也难怪那些聪明、精力旺盛的学生有时候会出现行为问题，给班级的有效管理带来挑战。本章介绍了四个强大有效的实用策略，帮助你充分利用批判性思维这一积极主动的课堂管理工具处理学生最常见的破坏性行为。

邀请，而非对抗

课上开小差、交头接耳可能是最常见的破坏良好学习环境的行为。与其严厉地瞪眼，狠狠地说“我等你们说完再上课”（我发誓，作为一名老师，我从不想说这样的话，但有时也很难避免），或者直接惩罚，倒不如遵从学生的表达欲，创造机会让他们在课堂中参与深度讨论。

几乎每一位学生都会对涉及公平正义的事件和与辩论有关的学习活动做出反应，因为他们渴望有机会发出自己的声音，表达自己的观点。既然如此，那为什么不设计讨论型的学习活动呢？科学课上，学生也许可以复习并对进化论以及地球是否是圆的进行辩论。

数学课上，他们也许可以有机会观察两个错误的问题，然后讨论哪个问题可以多得一点分。对于学生课堂上交头接耳这种行为，不要与之对抗，要邀请他们参与讨论。

动起来

另一个积极主动的课堂管理策略是把身体活动和批判性思维结合起来。身体活动对学生的学习很重要，虽然学校很久以前就已经意识到了这一点，但是老师们对于频繁的活动和其他扰乱课堂气氛的身体行为还是会感到很头疼。为了有效预防这个问题，你可以有意识地将身体活动融入你的课堂当中。在进行学生意见调查的时候，可以让学生根据自己的观点在教室里活动，允许他们来回走动，改变自己的观点。或者用有趣的舞蹈视频帮助学生记住几何概念。当你无法避免要进行长时间的纯内容输出时，在课堂上做一点老式的伸展运动，也可以让你的学生恢复活力。

通过共情建立积极的课堂文化氛围

校园欺凌和其他反社会倾向的行为可能是教师们面临的巨大挑战，同时也是安全、富有成效的学习环境的最大威胁。许多强有力的反欺凌和社交情感学习项目已经在应对这些挑战的过程中做了很多工作。当然，老师们还是有权力根据自己的判断来处理这些事情的。美国的每个州都有一个英语语言艺术标准，不同的年级标准不一样。这个标准可以检测一个学生的英语听说能力和通过提问来理解他人说话意图和观点的能力。即便是新一代科学的教育标准，也提倡学生能够多角度看问题，在评论与被评论的过程中保持相互尊重的态度。

课堂设计应包含无明确对错答案的问题——特别是“如果是你，你会怎么做”之类的问题。这样的问题很有意义，可以鼓励学生站在对方的立场从不同的角度看问题，从而建立共情。

将违纪者重新塑造成创新者

老师应该首选那些和沉浸式批判性思维相关的深度学习活动来改善课堂管理。能帮助你理解那个聪明又爱捣蛋的学生的教学策略有很多，本章只介绍了冰山一角。

在教育过程中，我们处理违纪行为的方式往往有很大的问题。尽管我们听到过很多不公正的事情——对非白人学生的差异化管理和一些零容忍政策产生的有心或无心的结果，但是本书要讲的问题与此无关。我要说的是如何让老师为学生提供最好的服务，好让他们全副武装起来，做我们需要的 21 世纪领导人。我坚信，只要我们坚持做正确的事情，那些今日的“坏”学生就会转变成明日的非凡领导者，带领我们前行。

过去 3 年，我参加了 100 多场教育、教学会议，听说了很多关于领导力的事。领导者往往都与众不同：他们总是跟着自己的节奏往前走；他们寻求的是原谅而不是允许；他们挑战规范，他们不遵守规则，甚至改变规则。事实上，我们崇拜那些工商业最具革新精神的人，甚至称他们为“破坏者”。假设我们的“坏学生”也是这样的，那我们就必须接受一个事实：我们的惩戒措施使我们忽略了许多拥有巨大潜能的学生。

需要明确的是，我完全理解学生不能在一个混乱的教室里学习，随心所欲、没有规矩、犯了错也不会受到惩罚的环境并不适合学生的发展。本书不是要号召学校站在零容忍政策的对立面。但是，请想象一下这样的教育——当我们看到学生惹麻烦时，我们不是简单地把他们定义为“坏学生”，而是发掘他们的领导力，并承认我们有责任、有必要帮助他们挖掘出自身的潜能，尽管这样做非常富有挑战性。

引入批判性思维是充分挖掘学生 21 世纪领导力潜能的关键行动之一。2017 年，律师式思维工作室和麦莉成就中心（Miley Achievement Center）的合作就是一个很好的例子。该中心位于美国内华达州拉斯维加斯的克拉克郡学区，里面都是严重违纪的学生，他们很长一段时间都不能回到以前就读的学校。表面上看，这听起来不像是一群和律师式思维项目相关的学生。通常，我们会认为这样的指导和教学只适合那些有天赋的孩子，它们应该出现在大学预修课程和优等生课程里。但事实上，在学习批判性思维的挑战中，这些被我们称为“坏学生”或者“破坏者”的人尤其有能力蓬勃发展。根据麦莉成就中心副校长戈登·斯图尔特（Gordon Stewart）的描述，律师式思维课程让学生特别积极地参与到批判性思维中来，因为我们的很多学生已经花了很长时间思考灰色地带。换言之，当我们为学生创造鼓励交谈的课堂空间时，这种激励是内在的，也是双赢的，学生的“破坏性倾向”不再被老师视为犯规，反而成为学习过程中的有利条件。

然而，老师在把破坏者转化成创新者的过程中常常受挫。这些年，我在全美范围内参加了很多批判性思维研讨会，也在会上问过成千上万名教育者：“你们把自己定义为一名‘好’学生还是一名‘坏’学生？”80% 以上的人标榜自己是“好”的制度遵循者，他们很少惹麻烦。这可能就是他们受挫的部分原因。在成长的过程中，我正好是剩下的那 20% 中的一员。但我是幸运的，因为在我很小的时候，一名助教就看穿了我的胡言乱语，建议我母亲送我去参加另一个区举行的天才学生选拔项目。当我入选以后，最古怪的事情发生了。像讲话、争论、离开座位、大笑（是的，这是一个问题）、问自作聪明的问题（这也是一个问题），这些以前会让我受惩罚的行为，在资优班里居然能得到嘉奖。事实上，我们班总是充满喧嚣，十分混乱。这可能是因为站在教室前面的老师认为每位学生都有能力学好并应对挑战，尽管这些严谨的教学内容需要很高的参与度。不要让你的偏见决定你要如何对待班级里的“破坏者”；相反，要确保你找到了释放这些天生领导者的潜能的策略，而不是仅仅靠规则来束缚他们。

第 15 章

超越应试——拿下大考

“我有一些惊人的项目式教学构思，可以点燃学生的学习激情。我迫不及待地想去实施……但要等到考试以后！”如果这听起来很熟悉，那说明你曾经有过类似的经历——大考前堆积如山的资料等着讲解，真的让人压力山大。而这样的压力往往会让老师和学生感到不愉快。但是，假使我们没必要用这种方式来应付考试，会怎么样呢?

一些读者可能想跳过本章的内容。在这个充满问责的时代，标准化考试已经抢尽了风头。优秀的老师很清楚什么样的教学是好的，但是为了给考试让步，他们不得不把这放到一边，去开启机械简单的考试训练。此时的他们往往会感觉自己像一个叛徒。我了解这种感受，但我常常好奇我们是否真的懂得大考中的利害攸关和公平竞争。

堆积如山的证据显示试题的设置存在着文化偏见，低收入阶层和少数种族的学生往往考得不理想。但是，当我谈到考试和公平时，我指的并不是这些，我指的是结果的公平。如果我们真的相信教育应该为孩子们提供机会去跨越阶层，那么我们也必须相信考得好很重要。律师要通过法学院入学考试和律师资格考试才能上岗；医生也必须通过医学院入学考试、执业医师资格考试和委员会考试才能执业；工程师、护士等众多其他专业技术人员都需要通过相应的考试来获取从业资格。

这些考试的设置是否公平不是我所关心的。我关心的是我们不应该只让支付得起昂贵的考前培训费的学生获得这些考试所需的实用技能。我们应该教给学生一些应试技能和策略，让他们成功应对人生中要面临的各种学术考试和专业技能考试。当然，这样做并不意味着教育工作者要以牺牲好的教育模式为代价。

假使你能够让学生积极参与到严谨的、需求度高的学习活动中来，并确保他们能为未来越来越具挑战性的考试做好准备，那会怎么样呢？用批判性思维武装大脑去拿下大考是必要且可行的。让我们现实一点，如果真的有所谓的“应试教育”秘诀，那我们早就破译密码了。不管你所在的州是用什么样的评价方式，死记硬背和填鸭式教学模式都不可能帮助学生在这些考试中取得成功。死读书是行不通的，例如：

一家面包店开展促销活动，购物满 75 美元可以享受 15% 的折扣。该店的三明治 8.25 美元一个，曲奇饼干 1.45 美元一块。朱利安买了 8 个三明治，她至少还要买几块曲奇饼干才可以享受折扣价？

这个来自真实生活场景的问题完美地诠释了为什么应试教育是不可行的。为了做对这道题目，学生首先要明白这 5 个数字的含义，不要被 15% 糊弄了（这个数字和解答本题无关），然后要知道怎样列不等式，怎样乘小数，怎样减整数，怎样除小数。这还不够，学生还必须意识到朱利安不能买 6.2 块曲奇饼干，因此要想获得折扣价，她要买 7 块曲奇饼干。这是一道有难度的应用题，它不像选择题那样可以用排除法来解答或者干脆蒙一个答案。

死记硬背的练习题和刺激的复习游戏都太普通了，和它们一样平凡的策略不会达到我们想要的目的。学生们需要在批判性思维的指导下做成千上万次逻辑推理练习，才能运用所学知识解答棘手的应用题和选择题。本章要详述的三个能帮你拿下大考的策略分别是熟悉考试题型、WISE[①] 解题方式和像乔·施莫一样思考。

熟悉考试题型

老实说，我真的很喜欢参加标准化考试。每次要在一个新的州培训老师时，最令我激动的准备工作之一就是完成一整套小学、初中、高中数学考卷和英语语言艺术考卷。我爱做这些卷子，是因为我想看一看我们对学生成就的期待提高了多少。我上学的时候，数学考卷上全是单项选择题和多项选择题，而且大多数都是基础计算题。而如今的数学考题包含复杂的开放式问题、图表题和容易搞砸的不定项选择题。

我上学的时候，阅读考卷上只有完形填空这种题型，阅读考试

① WISE 是 write、investigate、setup 和 evaluate 四个单词的首字母缩写，即写下来，研究，列式和评估的意思。——译者注

成了填空考试。它们对学生的要求也很简单，只要选出正确的单词填到句子中就行了。分析各种阅读材料后再写篇小短文的题型是不会考的；纠正句中语法错误的题型也不会考；也从来没有哪次考试要求我在文中找出支持作者某个具体观点的句子。要想在当今的考试中取得成功，你不仅得掌握考试内容，还得熟悉考试题型。

花样翻新的考题和电脑阅卷的普及似乎在提醒我们，这些考试不但要检测我们理解试题的能力，还要检测我们理解出题逻辑的能力。美国许多州都缺老师，当地教育局常常会从外州甚至外国招聘教师。要这些不熟悉本州考题的老师来教学生如何考出好成绩，怎能不失败呢？从外州转来的借读生也面临着同样的挑战。

然而，这正好说明掌握考试题型和用未来工作所需的批判性思维武装学生都很重要，它们应该合二为一。想想我们的学生将要面临一个什么样的世界？未来他们需要用现在还未研发出来的技术去解决现在还未发现的问题，而且研发这些技术的领域目前都还不存在。因此，让我们的学生具备适应能力是很有必要的，这样他们才能在面对各种不熟悉的考题时做出正确的反应。学会学习是一项21 世纪所需的核心技能。批判性思维和考试题型同样重要，我们不应二选一，而应二者兼顾。

针对考试题型的教学不要等到二月才开始，说“这是备考季”。新年伊始，教育工作者就应该开始教学生熟悉考试题型。主要分以下三步走。

1. 列出试卷上出现过的各种考试题型，并给出具体的例子。无论学生是在备考 SAT、ACT、AP，还是各州的考试，你都可以在本州的网站上或者组织该考试的机构网站上找到无数免费的资源。

2. 真诚地评估出你喜欢的题型和讨厌的题型。我母亲不喜欢土豆沙拉里的鸡蛋，因此她从不在土豆沙拉里放鸡蛋，这导致我现在也不喜欢土豆沙拉里的鸡蛋。如果你对某些题型的感觉和我母亲对鸡蛋的感觉一样，那么你一定要确保学生不会因为你的个人喜好而没机会去练习那些他们本该掌握的题型。

3. 列一张清单，把考试题型分为三类：（1）你常常用到的题型；（2）你有时用到的题型；（3）你从未用过的题型。一旦列出这张清单，你就可以将更多的这类题型融入平时的教学、练习和测评中，这样一来，学生就能更加从容地去面对各种考试题型。当然，对于某些在电脑平台上进行的特定考试，你可能没办法让学生做大量针对性练习。但是，你仍然可以花时间登录样题中心，将这类问题的解题思路和过程演示给学生看，让他们知道碰到这类问题时该怎么做。

关键是，我们不能让这样的事情发生：学生已经掌握了拿下这些考试的学术技能，也知道正确答案，却因为错误的回答方式而考砸。

WISE 解题方式

以下专栏里的小学五年级应用题涉及很多知识点。

小学五年级多步骤应用题

格雷格在田径运动会上做志愿者，负责提供瓶装水。格雷格已知如下事实：

- 本次田径运动会开 3 天；

- 有 117 名运动员、7 名教练和 4 名裁判参加本次田径运动会；
- 每箱装有 24 瓶水。

下表罗列出了本次田径运动会上每一位运动员、教练和裁判每天所需的瓶装水数量。

本次田径运动会上每人每天所需的瓶装水	
与会人	瓶装水数量
运动员	4
教练	3
裁判	2

为了满足本次田径运动会上所有运动员、教练和裁判的喝水需求，格雷格最少要提供多少箱瓶装水？请列出等式，并给出你的解题思路。

“用将句子补充完整的方式来预估结果”是解决此类应用题的强有力的工具。以结果为导向倒推，让学生在理解上下文的基础上，为得到合理的答案提出有效的预测和推断。学生应该突出该问题（为了满足田径运动会上所有运动员、教练和裁判的需求，格雷格至少要提供多少箱瓶装水？）并准备一个如下的答案：

为了满足田径运动会上所有运动员、教练和裁判的需求，格雷格最少要提供__________箱瓶装水。

在解决问题的过程中，以结果为导向倒推是一个非常有用的工具，它奠定了 WISE 解题方式的基础。这五步解题法详见表 14–1。

表 14–1　　WISE 图表模型

步骤 1：写下来 将题目要解决什么具体问题写下来	**步骤 3：研究** 只列出每一个问题中的重要信息
步骤 4：列式 解释列式并算出结果，步骤要详细，要考虑到特殊情况	**步骤 2 和步骤 5：评估** 步骤 2：写出一个空出答案的完整句子 步骤 5：填好空并检验答案的准确性 （合理解释一般出现在列式部分）

设计这个 WISE 图表模型是为了帮助学生克服解决开放式问题的心理障碍。开始解决一个问题的最佳方式就是着手去解决这个问题。WISE 解题方式让学生先把题目要解决什么问题写下来（W），然后再让学生沿对角线跳跃到评估部分（E），写出一个需要填空才能补充完整的句子来预估答案。

此时，在没有付出太多努力，也没有做出过多分析的情况下，WISE 图表模型就已完成了一半。研究部分（I）只需要学生列出问题里的重要事实。我建议让学生用破折号而不是编号或字母来列清单，这样会更清晰明了。这些研究应该仅限于和问题有关的事实。同时，学生还应该整理一下这些信息，用方便将细节串起来解题的方式罗列出来。

例如，在这个应用题中，学生可以写“共有 117 名运动员”，然后另起一行写“每名运动员每天喝 4 瓶水”。但是如果我们能将这些事实整理一下，就可以在同一行写下“117 名运动员，每人每天喝 4 瓶水”。大多数学生在罗列出研究事实这一步都不会遇到太大的挑战。因此，在完成 WISE 解题方式的第三步后，他们已经从最初的填空假设出发，走出了很远的距离，他们的图表模型已几近完成。请参见表 14–2 中完整的 WISE 图表模型例子。

此处，最基本的列式可能是这样呈现的：“乘以 3 算出三组人每天共喝多少瓶水，然后再用得到的数字去除以 24，就可以得出需要多少箱水了。”但是，当学生们进行到“考虑特殊情况”这一步时，就会意识到：除非总数是 24 的倍数，否则他们就得多订一箱。那时，也只有在那时，学生们才可以开始计算。用 WISE 方式仔细列式也适用于写小论文、回答科学实验问题，以及完成任何一门学科里的任何一个需要评估的任务。

表 14–2　　完成 WISE 图表模型

写下来（步骤 1） 为了满足本次田径运动会上所有运动员、教练和裁判的喝水需求，格雷格最少要提供多少箱瓶装水	**研究（步骤 3）** ■ 为期 3 天的田径运动会 ■ 117 名运动员，每人每天喝 4 瓶水 ■ 7 名教练，每人每天喝 3 瓶水 ■ 4 名裁判，每人每天喝 2 瓶水 ■ 每箱 24 瓶水
列式（步骤 4） 我需要算出三组人每天共喝多少瓶水，再乘以 3，然后用得到的数字去除以 24，算出需要多少箱水。如果除以 24 后还有余数，我需要确保再额外增加一整箱水。 （117×4）+（7×3）+（4×2）=497 497×3=1491 1491÷24=62.125（额外加一箱）→ 63 箱	**评估（步骤 2 和步骤 5）** 为了满足本次田径运动会上所有运动员、教练和裁判的喝水需求，格雷格最少要提供 __63__ 箱瓶装水

在最后的评估部分，要填好空并检验最终的答案是否正确。到这一步，句子应该已经补充完整，63 也应该已经填在了空格处。为了检验答案的准确性，学生可以采用凑整之类的估算策略来确保他们的答案处在一个正确的范围内。如果他们把运动员的数量凑整成 120 人，乘以 4，每天的用水量就是 480 瓶；7 个教练，乘以 3，每天的用水量约 20 瓶；4 个评委，乘以 2，每天的用水量约 10 瓶。这样估算出来一个数就是每天 510 瓶。最终的用水量就是 500 瓶乘

以3天，为1500瓶。如果学生再用1500除以25（因为没有谁会用24去估算一个结果）就会知道正确答案应该在60附近，这和最终答案63是非常接近的。训练学生“用将句子补充完整的方式”来预估结果可以帮助他们得到更加合理的答案。

像乔·施莫一样思考

在本书的第8章，讨论错误分析的律师式思维模式时，我介绍了乔·施莫——一个不认真读题、总是落入题目陷阱中、没办法成功完成所有步骤的学生。养成健康的质疑态度是批判性思维强有力的组成部分。看一看以下专栏里的小学五年级应用题，你就会明白为什么这个特质如此重要了。教学生像乔·施莫一样去思考，可以帮助他们避免因落入出题者的惯用陷阱而犯错。

像乔·施莫一样思考的实例

为了家庭聚会，布列塔尼做了5条烘肉卷，用掉了9磅牛肉馅，又用4磅牛肉馅做了14个汉堡。每条烘肉卷用了等量的牛肉馅。

以下哪个选项里的牛肉馅分量最接近每条烘肉卷里的牛肉馅分量？

a. 0.5 磅；

b. 1 磅；

c. 1.5 磅；

d. 2 磅。

曾经我也是一名“力争要第一个做完”的学生。面对这个问题，我首先会匆匆浏览一眼题目。看到它问的是烘肉卷和牛肉馅，看到 5 条烘肉卷、9 磅牛肉馅，就会想“这也太简单了！那就刚好是 5 除以 9，也就是约 0.5 的样子”。然后我就会意识到 A 选项里正好是 0.5，我问自己：“你真的要让自己落入选项 A 这么明显的圈套里吗？不！”

这个问题问的是每一条烘肉卷里含有多少磅牛肉馅，这意味着我本应该用 9 去除以 5，也就是 9 除以 5，约等于 2，而不是 0.5。本题中，5 这个数字出现在 9 之前并非偶然。我们的阅读习惯是从左往右，如果没注意到本题真正问的是什么，就很容易落入A选项这个明显的圈套里。

尽管这个问题很简单，但是出题者往往会设置一个最具迷惑性的错误答案，如果不认真读题就很容易选错，尤其是那些粗心大意、只求速度的学生。当学生们意识到这些试题里的陷阱时，他们就不得不去养成健康的质疑态度。学生们只有知道了如何像乔·施莫一样思考，才能避免成为他。

备考过程可以很美好

看完这些备考策略后，我希望你会觉得备考过程不一定很枯燥。用本章提供的备考策略将学生们全副武装起来，可以帮助他们做好心理准备，这和学术准备一样重要。对大多数学生而言，考试焦虑是一个真实存在的挑战。当我和正在经受轻度考试焦虑的中学生打交道时，我会让他们完成“1+1=？”这样的考卷。他们笑了，写下数字2，然后把试卷交给我。他们为什么会笑呢？他们解释说他们正在经受的考试焦虑不是这样的。在面对高风险、高挑战、冗长、繁重又复杂的试题时，他们才会产生考试焦虑。当他们认为自己知道一些但又无法识别这个问题在问什么时，他们也会产生考试焦虑。

因此，对于那些正在经受中度考试焦虑的学生来说，这套应试备考策略尤其有效。至于患有严重考试焦虑的学生，教育工作者应该和其家人取得联系，建议他们去寻求专业的帮助。想象一下，如果学生面对纷繁复杂的各类考题时就像面对“1+1=？”一样准备充分，那对结果拥有十足把握的自信就不再仅仅是一个备考工具了。这份自信也正是批判性思维所需的特质之一，它不仅可以帮助学生很好地完成年末考试，还可以帮助学生解决好各种颇具挑战性的问题。

第 16 章

利用家庭教育挖掘批判性思维潜能

家长必须认识、重视并充分利用他们的影响力去支持孩子们的批判性思维发展，本章详细介绍了这样做的原因和方法。小学五年级结束后的那个暑假，我侄子在我家住了一个星期。我俩的一次谈话让我意识到了充分利用家庭教育的重要性。那一天，他决定去吃巧克力蛋糕，这听起来很棒，于是我们走进超市。在开始购物之前，我们先制订了购物计划。

侄子：巧克力蛋糕。

我：还有呢？

侄子：噢，我们还应该买牛奶。

我：听起来很美味。你觉得牛奶应该在哪里？

侄子：可能在靠里面一点的地方吧。

我：（可能用上了我最戏剧化的嗓音）等一下！每个来超市的人都想要买牛奶，那他们究竟为什么还要把牛奶放到超市靠里的位置呢？

侄子：我不知道，科林叔叔。

我：听着，我知道你不知道，但是你认为为什么牛奶是放在超市靠里的位置呢？

侄子：科林叔叔，如果你知道答案，就直接告诉我吧。我现在都不想买牛奶了。

这次短暂的交流让我记忆如此深刻，因为自我记事起，我就被任命为日用品采购助手。那些年，我一直在研究我母亲的采购经。母亲总是能通过使用优惠券和购买打折促销产品的方式，千方百计让 15 美分的优惠变成 1 美元。她非常清楚，家里哪些东西就快要用完了，哪些水果是应季的，一次性大量囤货是否真的划算。

我甚至想到早在我能去超市买东西之前发生的事情。当我能够伸手拿到早餐所需的材料时，我就开始自己做早餐了。蛋壳的味道不太好，于是我就学会了打蛋的时候怎样才能不让蛋壳掉入蛋液里。到了中学，我已经能完整地做一顿饭了。我常常要想办法去挽救那些放多了调料和煮过了的食物。这些经验让我经常有机会去面对那些能够为我带来帮助的挑战。

为什么牛奶放在超市靠里的位置？可能是商店老板想让你穿过整个超市，买上一堆你不需要的东西，结果忘记买牛奶这件事；也可能是冰柜区靠近超市后门，运输车停在那里卸货时，为了更好地保鲜，将牛奶直接放到后面的冰柜里要比用小推车推到超市前面更方便。但牛奶不是问题的关键，关键是我的侄子不愿意花费精力去思考这个问题。

当然情况并非一定都是如此。大部分父母，即便没有高中文凭，不能说一口流利的英语，也还是会经常采用 21 世纪的技能来管理家庭日常。当学校有意支持父母在家里创造出一种探究氛围时，孩子们的这些习惯和思维方式也会迁移到学校的学习中来。

在一次律师式思维研讨会快结束的时候，一位非常睿智的幼儿园老师——玛丽•蒂尔尼（Mary Tiermey）把我叫了出去，提醒我遗漏了一个重要的环节——父母和家人。父母和家人有巨大的能量在日常家务中培养孩子们的批判性思维技能和性格特质。以下四个指导原则可以帮助学生形成相应的品质，我称之为 ECHO 策略：

- 拥抱有建设意义的困难；
- 防止习得性无助；
- 给予适当但不过分的帮助；
- 无端反对。

在本章的最后部分，我会分享一些实用技巧，来帮助老师们吸引家长了解这些策略。

拥抱有建设意义的困难

树懒是世界上最慢的哺乳动物，但是和早上被父母催着出门的年轻人相比，它们简直就是 F1 赛车手。现代生活节奏如此之快，看着孩子们艰难地穿鞋、穿衣、洗漱，父母会很自然地去帮忙。然而，在孩子们塑造批判性思维特质的过程中，帮忙往往是有害的。

举例来说，我女儿喜欢往煎饼上浇大量的糖浆。某天上午吃早午饭的时候，她左手拿着瓶子倒糖浆，失败了。带着迷惑的表情，又尝试用右手倒了一下，还是失败了。我看着她把头摇成了拨浪鼓，就开始鼓励她说，“你可以的，宝贝！”我知道她最终会明白她需要把瓶子完全倒过来，才能倒出糖浆。

但就在我的女儿要体验到胜利的喜悦时，她亲爱的外婆说：“来吧，宝贝，让我来帮助你。”我大喊道：“不行！”引来了餐厅服务员和其他顾客异样的眼光。我的反应可能有点夸张，但这是因为我明白此刻将引发破坏力极强的习得性无助。我知道这种帮助的冲动是源于爱，但同时它也会剥夺孩子因克服有建设意义的困难而产生的成就感。

如果“学会如何学习”是批判性思维的必备品质，那么我们需要为孩子们留出时间和空间让他们自己去解决问题。当孩子们自己弄明白牛奶和燕麦的合适比例时，这个小小的奇迹会给他们的内心带来喜悦，并为他们长期保持一颗好奇心奠定基础，同时也能给他们带来一种独自完成某项任务的自豪感。鼓励父母给孩子一次机会，孩子们也许会失败，但这种失败也正是他们踏向成功的第一步，帮助他们养成生活所需的独立自主和适应能力。

防止习得性无助

无论父母多么努力，孩子们仍然有可能会养成习得性无助的习惯。习得性无助很容易判断，当孩子说“我做不到”或者在自己尝试之前就寻求帮助，这就是十分清晰且明确的习得性无助的表现。幸运的是，父母可以用两种策略来应对这种情况：限制“救生员”和寻求具体原因。

限制“救生员”

在现实生活中，父母永远都不会眼睁睁地看着孩子溺水。但是，在孩子独自解决普通问题的过程中，通常也不存在迫使他们不得不学会如何漂浮的生死攸关的危险。限制“救生员”意味着父母要弄清楚把孩子们难住的问题是一个无须紧急救援的情况。在他们没有真正做出尝试去解决问题前，他们需要独自面对。

不会做数学题？告诉孩子：尽全力去尝试，把你推算的内容都列出来，然后我才会去看，前提是你必须自己开始去做；把家庭作业忘在学校了？制订一个计划，确保你明早可以按时交作业；在池子里溺水了？我会立马跳下去救你；因杂乱无章、错过作业和丢失笔记而挣扎？我不会是你的救生员，你需要好好研究一下如何系统性地让自己做事更有条理；怎么拼写____________（选一个词，任何词都行）？你怎么拼写“字典”？

寻求具体原因

当孩子们已经做出合情合理的努力但仍然解决不了问题时，这个策略就可以派上用场了。使用这个技能时，权力仍掌握在孩子们的手中，他们得解释清楚是什么原因导致他们被困住了以及他们是如何被困住的。在这个过程中，他们常常会想到一些独自解决问题的主意。对父母来说，寻求具体原因可能就是这么一回事：

我：请穿好你的衬衣。

儿子：我做不到。

我：为什么你不能穿好你的衬衣呢？

儿子：因为它把我弄疼了。

我：它为什么会把你弄疼？

儿子：它弄疼了我的头。

我：让我看看，它是怎么弄疼你的头的（此时，他的一条手臂穿过了领口，正在用力将头从袖口中挤出来，然而袖口对他的头来说太小了，他的小脑袋被卡在那里，喊我帮忙）。

儿子：看，爸爸！（我帮他把衬衣脱下来）

我：为什么你的头会疼？

儿子：因为那个洞太小了。

我：哪个洞太小了？

儿子：噢，我知道怎么做了（他自己弄明白了）。

如今，我明白情况并不会总那么顺利。寻求具体原因的基本理念就是父母要让孩子解释清楚他们正在努力解决的困难是什么——越详细越好。一个人对“我不懂”和“我不会”能做的非常有限，但是，当孩子们清楚自己到底是哪里不懂、哪里不会时，他们也就知道了自己需要弄明白的是什么，以及他们需要学会的技能是什么。在这个层面上，培养孩子们清晰的思路可以为他们在学校里“学会如何学习”打下坚实的基础。“学会如何学习”是孩子们批判性思维工具箱里必不可少的组成部分。

给予适当但不过分的帮助

当父母必须帮忙时，要避免帮太多。例如，假设我要指导我的孩子做数学作业，他可能会有这样一个问题：

朱莉安娜的抽屉里有 8 双袜子，她拿出 3 双打包带去度假。朱莉安娜没有拿去度假的袜子占总袜子的几分之几？

我儿子的答案是：3/8。很明显，他用错了分子，分子应该是没拿去度假的袜子数量，而不是拿去度假的袜子数量，正确答案应该是 5/8。父母面对孩子们的这类错误时，会很自然地扮演“好老师”的角色，毫无保留地向孩子解释他的错误。假设孩子考试时犯了这样的错误，回家订正试卷的时候，“好老师”们往往会这么做：

儿子：我为什么做错了？

我：让我看一看。哦，你用错了分子，分子应该是她没拿去度假的袜子数量，而不是她拿去度假的袜子数量。一共有多少双袜子？

儿子：8 双。

我：是的。这部分你对了。那么，她拿了几双袜子？

儿子：3 双。

我：再看看，这个问题问的是什么？

儿子：她没有拿去度假的袜子是多少？噢，答案应该是 5/8。

我：是的！干得漂亮！

表面上看，这样的对话毫无害处并且十分正常，但是请考虑一下这个备选方案：

儿子：我为什么做错了？

我：你觉得你为什么做错了呢？

儿子：我不知道。所以我才问你啊。

我：再仔细读一遍题目，再看一看你的答案。然后解释一下你觉得你为什么会做错。

看到差别了吗？在第二段对话里，我立刻要我儿子自己去挑重担而不是代替他去挑重担。如果他抗拒，我就给他指出一个大致的方向，然后再让他自己去解决这个问题。假定，他对分数概念有一个清晰的认识，并且很可能只是没有看见问题里的“没有”，那他自己再读一遍题目，看一眼错误答案，就会恍然大悟。

有些孩子在没有得到更详细指导的情况下，只会白忙一场，因此让他们自己解释一下可能会有帮助。下面还有一个备选方案：

儿子：我为什么做错了？

我：解释一下你是怎么得到你的答案的。

儿子：我看到她一共有8双袜子，她带了3双去度假。所以，我得到的分数是3/8。

我：再仔细读一遍题目，再看一看你的答案。然后解释一下你觉得你为什么会做错。

儿子：噢……她没有拿去度假的袜子是多少？我知道了。

给予适当但不过分的帮助也适用我岳母帮我女儿倒糖浆的例子。如果她想帮助我女儿但又不帮过头，她可以问，“你觉得糖浆为什么倒不出来呢？”我女儿可能会说它太黏稠了，她也可能会把瓶子整个打开来获取糖浆。不管怎么样，解决办法都是她自己想到的。

因此，父母想要帮忙时，他们应该提供最低限度的帮助，以确保解决方案是由孩子自己提出来的。在这种情况下，指出一个大致方向通常很有效。例如，如果孩子问："怎么拼写____________？"父母可以告诉他："根据读音把它写出来，再看一看它长什么样子。"如果孩子仍然需要去挑重担，那就说明这是一个成年人可以帮忙但又不过分帮忙的好机会。

给予适当但不过分的帮助是一种实用的方法，它可以最大限度为孩子们提供独立解决问题的机会。如果孩子们可以自己完成一项任务，父母应该让他们自己去做。如果孩子们需要指导才能完成一项任务，父母可以请兄弟姐妹或朋友帮忙。即便最后孩子帮不上忙，父母不得不完成整个任务，让孩子在旁边观察也是在某种程度上鼓励他们参与。生活可能没办法那么清晰明了地归类，但是如果父母刻意去做，那么他们就更有可能培养出孩子们的独立性。

无端反对

"我反对"可能就是我想成为一名律师的原因。没有什么比在法律电视节目和电影里看到激烈的反对更让人兴奋了。在现实生活中，法庭上的反对没有那么频繁，也没有那么激烈。但是，无端反对是在家里塑造批判性思维技能和性格特质的有力工具。

我说的无端反对，指的是这样一种实践：不是因为什么原因而不同意孩子们的观点，只是想促使他们通过详尽阐述他们的论点和论据来支持自己的观点。这是本书列出来的策略中最不讨喜的一个，但它却切实可行。它大概是这样子的：

孩子：4加3等于7。

家长：不对。4加3等于43。

孩子：不，不是的。

家长：不，就是的。你写一个4再在后面加上一个3，你得到的就是43。

孩子：不对，不是这样做加法的。你应该从4开始，往后数3个数字——5、6、7，然后数到7就结束了，所以答案就是7。

家长：哦，是的，是的……谢谢你提醒我。

这个策略甚至不一定总是用在学术问题上。最近，在看完电影

《狮子王》(*The Lion King*)后，我和女儿有一段这样的对话：

> 我：电影里的坏人是谁？
>
> 女儿：刀疤是坏人，他真的很坏。
>
> 我：不，你错了。穆法萨是坏人，而且很明显，辛巴更坏。
>
> 女儿：什么？刀疤杀了穆法萨，他还和鬣狗一起搅乱了荣耀石。
>
> 我：总的来说，穆法萨欺凌了鬣狗。而且，它还在这部电影开始前的一次斗争中让刀疤留下了一条终生的伤疤。他把刀疤推出去，推到了荣耀石的边缘。辛巴——我就不想多说了。

为了确保你们不会觉得我没人性，我必须声明我认为刀疤非常非常坏。但是，我也觉得反对这样的观点是一个促使孩子们透过表象去思考本质的好方法。反对的模式就是不顾一切故意唱反调。这样做，父母能帮助孩子养成一种健康的质疑态度，并获得多角度分析问题的能力。此外，孩子们在学习为自己的立场辩护的过程中，还可以不断练习自己的快速反应能力。

让父母和家庭参与进来

如果不能让父母参与进来，世界上的任何育儿策略都没用。对教育工作者和学校领导而言，没有什么比精心筹备一场家长活动却无太多人出席而更让人沮丧了。我亲身经历过这种沮丧，也和在这方面取得成功的学校、地区有过深度合作。在此，我想分享一些小窍门，帮助老师为父母们提供一个通道，让他们获得切实可行的育儿策略。然后，父母就可以培养孩子们的批判性思维技能和性格特质了。

首先，改变对于家长在学校活动参与度的期待。到目前为止，家长的参与仅局限于在嘉年华做志愿者、卖爆米花帮忙筹款和为谢师周计划一些酷酷的活动。但是，如果教育的最终目标是帮助学生释放出潜能，以上事情能够最大限度地利用家长的志愿者时间吗？假使我们邀请和家长在学术方面发挥更重要的作用，会怎么样呢？

我明白研讨会上的标题“给予适当但不过分的帮助”和“拥抱有建设意义的困难”可能不会吸引来成群结队的家长。但是，如果你在返校之夜，没有把重点放在本年度趣味活动日程，而是更注重家长怎样做才能让这一年成为孩子们一生中最棒的学术之年，那么请思考一下，此时你传递出的是一种怎样的信息。想象一下在共享快车道上，家长们收到的不是下一个熊猫快餐加盟店的传单，而是一项鼓励在家培养孩子们批判性思维的实用策略，并且当周就可以实践起来。许多老师相信家庭环境可以对孩子们的学术成就会产生不可思议的影响，但是，如果家校交流太少，家长们又怎么会意识到这一点呢？

除了改变对家长们如何进行学术支持的期待，学校还应该反思“将育儿研讨会作为传递此类信息的唯一途径”这件事。通常情况下，最不可能出现在研讨会上的家长往往是最需要来参加的人。这可能是因为他们有工作和家事要处理，也可能是因为研讨会的时间安排得不合理。对于有些家长来说，还可能是因为去孩子的学校会让他们感觉好像是回到了“犯罪现场”。如果家长自己在学校有非常负面的体验，那他们在参加学校活动时的犹豫不决就很容易理解了。

但是，那些不太可能出席研讨会或阅读学校通讯消息的家长们常常会回应和联系孩子的老师，尤其是在小学阶段。如果老师把

“拥抱有建设意义的困难”定为月度主题，然后通过短信、电话、面对面交流的方式和家长直接联系，每周和他们分享一个策略，那么这些育儿内容才更有可能传递到家长那里。这样的策略也可以分享到学校的社交媒体账号上，获得那些正在忙于工作而没有时间参加育儿研讨会的父母的关注。

见学生家长有时候就是字面意义上的“去他们所在的地方见他们”。在人气旺的街区设一个办公点，学生可以来这里“不给糖果就捣蛋”。老师可以在此分发糖果、分享小建议（例如，孩子们问了一个他们可能可以独自解答出来的问题时，父母要怎么做）。我工作的那个学校会为每个家庭义务举行家校会议。我知道要每一所学校都这样做是不可能也不现实的，但是也正因如此，我们学校每次的家长活动都人满为患，而我们周边的兄弟学校举行活动时出席的家长却屈指可数。对此，行政领导们给出的解释常常是“这些家长根本不在乎”。你可以告诉家长，欢迎他们来参加，当然，如果能让他们感受到你对他们的欢迎会更有力量。

最后，如果你正在举行传统研讨会，想一想为什么家长不参加。我在华盛顿一所学校任教时，想举办一次“数学家庭夜”，被我们教研组的同事取笑了。那是我第一年教书育人，因此我没有听懂那个笑话。

我：家长们为什么不会来?

同事：家长们要做晚饭。

我：我们不能提供一些食物吗?

同事：家长们还得照顾其他孩子。

我：他们可以把其他孩子也带过来啊!

同事：有一半的父母甚至都不会说英语。

我：我们这里没有翻译吗?

同事：他们不会来。

我：要是我们给他们一个一个打电话邀请他们来，而不是在此猜测他们不会来，会怎么样呢?

我们组的“数学家庭夜”首次亮相的那个晚上，我非常紧张。我们只在图书馆设立了一块很小的场地，我不知道会怎样。但不知不觉中，房间里挤满了家长，甚至，我们不得不从别的教室搬椅子过来。原来，对家长最有吸引力的就是真诚地邀请他们，并为他们创造一个和孩子们共同学习成长的环境。

这些吸引家长来参与活动的小窍门并不是每次都奏效。正因为如此，你要去了解家长，知道他们偏爱哪一类的信息接收方式，明白他们渴求什么样的信息。不管你使用什么样的策略，请记住相信的力量，相信父母在孩子的学术成就方面能起到不可思议的积极作用，并确保家长知道你对他们的这种力量充满了信任。

后 记

面向未来、具备批判性思维的学生

本书出版前的两年里，我每年都要在全美范围内参加超过 35 个教育研讨会。这些研讨会上最常见的主题是“未来的就业”。21 世纪的劳动力市场会经历一些我们闻所未闻的改变。因此，如果我们想避免大面积失业和经济危机，当下就要采取紧急行动，把我们的学生武装起来，让他们适应未来那个变化多端的高科技世界。一位著名的主讲人悲观地说：“如果你的工作可以用计算机程序来代替，那么它就可能实现自动化。”

我大学主修计算机专业，毕业后做了数学老师，后来又成了一名律师，再后来又成了批判性思维的拥护者，我没有那么悲观，但是也很焦虑。我没有那么悲观是因为有旧工作被取代，就会有新工作产生。但我还是很焦虑，因为在帮助学生准备迎接未来的就业挑战时，美国各地教育领域的领导者们虽然怀揣着美好愿景，但其实他们正在犯一个巨大的错误：他们没有把批判性思维放在首位去培养面向未来的学生。

很多教育工作者相信，只要我们能教会每一位学生编程或者让每一位学生都能参与职业技能的培训项目，那么所有的学生都会为21世纪的新就业形势做好准备。这当然不是真的。这几年，我的很多计算机专业的同学都失业了，因为只知道编程但不具备有效的人际交往技能是不够的。技术公司需要的是既能和科技迷交流，又能和技术用户交流的人。尽管某些技术认证让19岁的人也能一年赚7万美元，但是技术的更新速度比以往任何时候都要快。那么，为什么还要去培训学生做某种目前能赚大钱但很快就会过时的工作呢？

因此，我们的关注点不应该是为了编程而编程，也不应该是为了获得某个领域的工作而进行职业技能教育。我们的关注点应该更宽广一些，要把被称为“软实力”的情商、判断力和批判性思维纳入进来。这意味着，如果我们要教学生编程，那么课程的设置就不能仅仅局限于教他们如何用编程语言去写程序，还必须教他们如何去倾听用户的需求，进行小组合作、求同存异，并依据反馈迭代更新。如果我们要训练学生，使他们符合技术领域的人才标准，我们的关注点就必须放在一系列可以在不同领域中通用的批判性思维技能、习惯和模式上。在任何情况下，他们都可以用这些思维技能、习惯和模式去发现问题和解决问题。这些软实力（可能也是最难教的）造就了我们的与众不同，把我们人类和机器人区分开来，也是我们真正需要教给学生的技能，让他们在未来的劳动力市场中成为不可替代的领导者。

因此，让我们担忧的不是机器人，让我们担忧的是这样一群老师：他们执着于教“是什么”和“怎么做”，他们害怕做出 21 世纪最必要的改变——去教“为什么”和“假如……”。让我们担忧的是选择读人文科学的大学生人数直线下降，尽管这些学科能开发学生们的创造力、教会他们交际技能、提升他们的认知能力，使他们不被机器取代。最让我们担忧的是现行的教育体系，它仍然把批判性思维当作一个奢侈品，只让顶尖名校中的尖子生学习这些面向未来的必备技能。

正如作家和学者法里德·扎卡里亚（Fareed Zakaria）在一篇反对痴迷 STEM 的警示文中指出的那样，“最终，批判性思维是保障美国就业率的唯一方式”。如果这是我们唯一的希望，那么当务之急就是要让不同水平的各科学生，都有机会去接触意义非凡的批判性思维，只有这样才能满足未来劳动力市场的需求。感谢你为这场重要的批判性思维变革贡献出了一份力量。

Thinking Like a Lawyer: A Framework for Teaching Critical Thinking to All Students

ISBN:9781646320073

北京阅想时代文化发展有限责任公司为中国人民大学出版社有限公司下属的商业新知事业部，致力于经管类优秀出版物（外版书为主）的策划及出版，主要涉及经济管理、金融、投资理财、心理学、成功励志、生活等出版领域，下设“阅想·商业”“阅想·财富”“阅想·新知”“阅想·心理”“阅想·生活”以及“阅想·人文”等多条产品线，致力于为国内商业人士提供涵盖先进、前沿的管理理念和思想的专业类图书和趋势类图书，同时也为满足商业人士的内心诉求，打造一系列提倡心理和生活健康的心理学图书和生活管理类图书。

《成长不设限：写给青少年的成长型思维训练》

- 20 个帮孩子突破固定型思维的高效训练，培养让孩子受益一生的成长型思维，获得在逆境中终身成长的能力。
- 心理学者叶壮领衔翻译。
- 中国科学院心理研究所医学心理学博士、儿童发展心理学博士后罗静推荐。

《思辨与立场：生活中无处不在的批判性思维工具》

- 风靡全美的思维方法、国际公认的批判性思维权威大师的扛鼎之作。
- 带给你对人类思维最深刻的洞察和最佳思考。